木材高温热处理技术与应用

吕建雄　江京辉　黄荣凤　曹永建　主编

科学出版社

北京

内 容 简 介

本书系统介绍了木材高温热处理现状与发展趋势、高温热处理材分类、木材高温热处理方法与设备，阐述了高温热处理材物理力学性能变化机理，研究分析了高温热处理材的加工性能，列举了常用的樟子松、马尾松、扭叶松、落叶松、杉木、柞木、杨木、橡胶木和桉木等9种木材过热水蒸气热处理后物理力学性能的变化规律，分析了高温热处理材加工性能、涂饰性能、颜色变化、维护及应用场所，并列举了高温热处理材使用实例。

本书可供从事与高温热处理材及其制品有关的技术与管理人员参考，也可供大专院校相关专业师生及科研单位相关研究人员参阅。

图书在版编目（CIP）数据

木材高温热处理技术与应用 /吕建雄等主编. —北京：科学出版社，2020.6

ISBN 978-7-03-065525-7

I. ①木… Ⅱ. ①吕… Ⅲ. ①木材–热处理–研究 Ⅳ. ①S781.37

中国版本图书馆CIP数据核字（2020）第102303号

责任编辑：张会格 付 聪/责任校对：郑金红
责任印制：吴兆东/封面设计：刘新新

科 学 出 版 社 出版
北京东黄城根北街 16 号
邮政编码：100717
http://www.sciencep.com
北京厚诚则铭印刷科技有限公司 印刷
科学出版社发行 各地新华书店经销

*

2020年6月第 一 版 开本：720×1000 1/16
2022年1月第二次印刷 印张：11
字数：227 000
定价：118.00元
（如有印装质量问题，我社负责调换）

前　言

　　木材高温热处理是以水蒸气、惰性气体、空气、热油、水等为传热介质，在160～250℃的高温条件下对木材进行处理，使得木材组分发生物理变化和化学变化，除去或缓和木材内的生长应力和干燥应力，是改善木材理化性能的有效方法。近年来，国内出版的介绍木材热处理或炭化处理的书籍中，多以介绍热处理工艺和设备及热处理材特性为主，对高温热处理材分类、设备与工艺匹配性、热处理材变化机理及加工性能等方面涉及较少。

　　本书系统介绍了木材高温热处理现状与发展趋势、高温热处理材分类、木材高温热处理方法与设备，阐述了高温热处理材物理力学性能变化机理，研究分析了高温热处理材的加工性能，列举了常用的樟子松、马尾松、扭叶松、落叶松、杉木、柞木、杨木、橡胶木和桉木等9种木材过热水蒸气热处理后物理力学性能的变化规律；分析了高温热处理材加工性能、涂饰性能、颜色变化、维护及应用场所，并列举了高温热处理材使用实例。

　　本书是国家林业局948项目"生物质基高分子新材料技术引进与创新"（2006-4-C03）、"十二五"国家科技支撑计划"家装材与室外材增值制造技术研究与示范"（2012BAD24B02）、国家林业局推广项目"蓝变木材热处理改性技术产业化示范"（2012-10）、中国林业科学研究院林业新技术研究所公益性科研院所基本科研业务费专项资金项目"实木地板超高温热处理改性"（CAFINT2009K04）、中央财政林业科技推广示范资金项目"橡胶木高温热改性生产炭化木技术示范推广"（琼〔2018〕TG06）、国家自然科学基金面上项目"基于木材多尺度微观结构的热-重-力学性能响应机制"（31870536）、广东省林业科技创新项目"桉树、红锥木材热改性及其实木地板制备关键技术研究"（2018KJCX006）、广西创新驱动发展专项资金项目"松、杉、桉等木材改良与产品创制关键技术研究"（桂科AA17204087-14）等课题部分成果的总结。特在此对这些项目表示衷心感谢。

　　本书共6章，第1章和第5章由吕建雄（中国林业科学研究院）、江京辉（中国林业科学研究院）、黄荣凤（中国林业科学研究院）编写；第2章和第6章由曹永建（广东省林业科学研究院）、江京辉、张恩玖（浙江久盛地板有限公司）、王向军（鹤山市木森木制品有限公司）编写；第3章由赵丽媛（中国林业科学研究院）、王艳伟（浙江久盛地板有限公司）、徐康（中南林业科技大学）编写；第4

章由漆楚生（北京林业大学）、江京辉、李家宁（中国热带农业科学院）编写。

　　本书主要研究工作是在国家林业和草原局木材科学与技术重点实验室完成。在本书编写过程中得到赵广杰教授、伊松林教授、周永东研究员等的帮助，在此表示感谢！感谢浙江世友木业有限公司、河北爱美森木材加工有限公司、江苏星楠干燥设备有限公司、广东江门华宇木材干燥设备科技有限公司等提供部分图片。本书参考引用了国内外相关的文献资料，在此谨向相关作者表示衷心的感谢！

　　限于时间和水平，书中难免存在不妥之处，诚请读者和同行不吝赐教！

编　者

2019年8月

目　　录

1 绪　　论

　　木材是一种重要的可再生资源，木材综合利用的水平关系到全球经济及社会的可持续发展。各国保护条例及环保意识的不断增强，促进了环境安全及目标适应的研究与开发。在各种处理技术中，非化学药剂处理的木材制品正在获得越来越广阔的市场空间，其中木材高温热处理技术占据了重要的位置。高温热处理材作为一种环境友好材料越来越受到人们的认可与青睐，各国对木材高温热处理工艺进行了系统的研究。

　　木材高温热处理方法始于20世纪。1930～1950年，主要是美国研究了木材的吸湿性，改进了木材的干缩湿胀性能，但由于处理后木材力学强度损失严重，未能实现商业化。1950～1970年，德国进一步研究了热处理对木材抗微生物性能、吸附性能、木材降解和力学性能等的影响（Burmester，1973）。80年代后期，人们开始热衷于环境友好材料的开发与研究。高温热处理被认为是一种不添加任何有毒化学药品就能达到良好抗微生物性能的极具潜力的方法。高温热处理可以提高木材的尺寸稳定性、表面硬度、耐久性及抵抗微生物侵蚀的能力，同时还会导致木材的力学强度降低、重量减轻、颜色加深、部分机械加工性能有所下降等。根据加热介质不同，可分为气相介质加热法、水热法和油介质处理法。由于整个高温热处理过程中不需添加任何化学药品或有毒药剂，热处理材产品被认为是一种新型的环境友好型材料，具有广阔的应用前景。

1.1　木材高温热处理概述

1.1.1　木材高温热处理定义

　　木材高温热处理是以水蒸气、惰性气体、空气、热油、水等为传热介质，在160～250℃的高温条件下对木材进行处理，使得木材组分发生物理变化和化学变化，除去或缓和木材内的生长应力和干燥应力，是改善木材理化性能的有效方法。

1.1.2 木材高温热处理过程

木材高温热处理过程经历了温度先升高然后保温最后再降温的过程，分为5个阶段。以水蒸气介质高温热处理工艺为例，各个阶段的处理时间如图1-1所示。

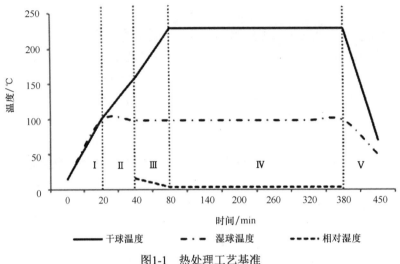

图1-1　热处理工艺基准

Ⅰ：升温段

将处理材的温度从室温升高至100℃，使木材表面温度和内部温度趋于一致。具体操作为：先将高温处理设备的进气口、出气口关闭，然后开始升温操作，同时通入饱和蒸汽，利用蒸汽产生的压力把处理箱内的空气排出，以保证处理环境内氧气浓度在较低水平，以保证处理环境稳定。

Ⅱ：干燥段

该阶段的目的在于将木材内残留的水分排出，使木材在高温热处理过程中趋于绝干状态。该阶段升温速度不宜过快，以免木材发生环裂或内裂。该阶段持续时间与处理材初始含水率、树种、厚度等有关。

Ⅲ：快速升温段

将高温处理设备内的温度迅速升高到热处理所设定的温度，以保证木材组分的反应过程是在设定的温度范围内进行。

Ⅳ：热处理段

此阶段温度范围为160~250℃，处理时间为1~5h，高温处理设备内的氧气含量很低。

Ⅴ：降温段

高温热处理结束后，立即关闭加热装置进行降温操作。由于处理设备内部与外部温差很大，迅速降温会导致木材内部的热量不能及时释放而使得热处理材产生开裂现象，故应缓慢降温以保证处理材质量。

1.1.3　高温热处理材优缺点

高温热处理可以提高木材的尺寸稳定性、表面硬度、耐久性及木材抵抗微生物侵蚀的能力，同时还会导致木材力学强度降低、重量减轻、颜色加深，油漆性能下降等。由于整个高温热处理过程中不需添加任何化学药品或有毒药剂，高温热处理材产品被认为是一种新型的环境友好型材料。在热处理过程中排出的废气和废液应尽量回收利用，或经无害处理后排出。与化学方法处理的浸渍材相比，热处理材产品更加符合环保要求。

1.2　高温热处理材的分类标准

1.2.1　国外高温热处理材的分类标准

欧洲木材高温热处理协会根据热处理材的尺寸稳定性、外观颜色的变化和耐久性等特性，制定了高温热处理的相关标准。欧洲标准将热处理材分为两个等级：Thermo S和Thermo D（表1-1，表1-2）。Thermo S等级的热处理材较适合室内装饰材料、家具、地板等，主要体现热处理材的稳定性。Thermo D等级的热处理材较适合户外建筑、家具等，主要体现热处理材的防腐性（International ThermoWood Association，2003）。

表1-1　Thermo S和Thermo D等级热处理针叶材木材性能对比

等级	处理温度/℃	耐候性	尺寸稳定性	抗弯强度	颜色
Thermo S	190	+	+	不变	+
Thermo D	212	++	++	−	++

注：+表示有所提高；++表示显著提高；−表示有所降低

表1-2　Thermo S和Thermo D等级热处理阔叶材木材性能对比

等级	处理温度/℃	耐候性	尺寸稳定性	抗弯强度	颜色
Thermo S	185	不变	+	不变	+
Thermo D	200	++	++	−	++

注：+表示有所提高；++表示显著提高；−表示有所降低

欧洲根据生物危害性将木材分为5个等级，并明确限制了其使用环境（表1-3）。

表1-3　木材和木制品生物危害危险等级

等级	使用场所	使用干湿度
1	室内面层	干燥
2	室内面层	偶尔潮湿
3	室外地表（需要保护） 室外地表（不需要保护）	偶尔潮湿 经常潮湿
4	室外，与地表接触或淡水中 室外地表或淡水中	潮湿或永久性潮湿 永久性潮湿
5	咸水中	永久性潮湿

Syrjänern和Qy（2001）依据欧洲标准EN 335-1:2006[①]，将热处理材分为3个等级。第一等级指轻度热处理，主要用来改变木材的颜色，所以可以当作未处理材来使用。一般用于地表以上，且使用过程中的平衡含水率在18%以下。第二等级指中度热处理，主要用于地表以上，也可以允许环境偶尔潮湿或者试材受到挤压，使用时的平衡含水率有时会超过20%，主要用于厨房家具、门、窗和橡木地板等。第三等级被用于经常暴露在空气中或潮湿环境中的地面上的结构，不能直接与地表接触，平衡含水率常在20%以上，具有高的尺寸稳定性和较低的含水率，但强度会降低。热处理材不推荐用于第四或第五等级。

1.2.2　国内高温热处理材的分类标准

《炭化木》（GB/T 31747—2015）中对炭化木的定义为：炭化木为高温热处理材。该标准主要介绍了炭化木的定义、分类等级和适用范围及相关的理化性能指标。按树种分为阔叶树材和针叶树材，其炭化木使用分类及材性指标要求见表1-4。

表1-4　炭化木使用分类及材性指标要求

分类		推荐炭化温度/℃	使用场所	天然耐腐等级	含水率/%	平衡含水率/%	体积干缩率/%
室外级	针叶材	205~220	地面以上，不接触水，非承重结构用材	II	4~8	≤7.0	<7.0
	阔叶材	190~220					
室内级	针叶材	180~200	地面以上，不接触水，可做承重结构用材	III	4~8	≤8.0	<10.0
	阔叶材	180~190					

① EN 335-1:2006　Durability of wood and wood-based products - Definition of use classes - Part 1: General，木材和木基质产品的耐久性.使用等级的定义.第1部分：总则。

运用聚类方法对高温热处理材进行分类分析。聚类分析不仅可以达到分类的效果，还可以通过分类来分析事物间的相似性。近年来，一些学者尝试通过近红外或者颜色等方法来对热处理材进行分类。聚类分析是根据事物本身的特性对个体进行分类的一种统计分析方法。分类的原则是同一类中的个体相似性大，不同类中的个体相似性小。根据被观测对象的各种特征，即反映被观测对象特征的变量值，对事件（观测量）进行聚类。该分类手段的特点是可以综合考虑事物的多个特征进行分类。

Taghiyari（2011）研究了高温热处理材的渗透性，用聚类分析比较了几种工艺间的相似性。Schwanninger等（2004）利用主成分分析对热处理材的近红外光谱数据进行分析，可将不同热处理条件的木材分到不同组，这表明近红外光（near infrared，NIR）能用于热处理材分类，有望用于热处理的质量控制。Bächle等（2012）利用SIMCA软件对近红外光谱数据进行分析，可以将未知高温热处理材分成几类，对云杉分类的正确率可以达到63%~85%。

Schnabel等（2007）测量了3组不同高温热处理材和山毛榉木材（对照组）的颜色（明度指数、红绿轴色品指数、黄蓝轴色品指数），利用聚类分析法将上述4组木材分成4类（不同类木材来自不同处理组），研究表明，可以基于颜色利用聚类分析对热处理材进行分类。

基于对高温热处理材多项物理力学性能的研究，可以用聚类分析对热处理条件进行分类，并认为分为4类比较合理，如图1-2所示（刘星雨，2010）。但其高温热处理的条件相对较少，需要进一步深入研究。比如，通过相关分析或者因

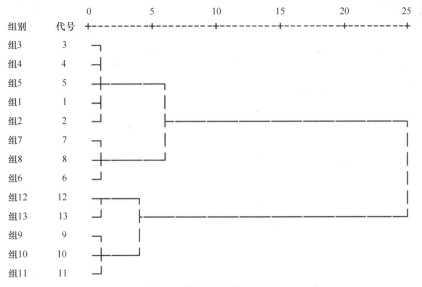

图1-2 樟子松聚类树形图

子分析对变量间关系进行分析；筛选出具有代表性的变量，简化分类所需要的数据量。

Taghiyari等（2013）基于力学性能（抗弯弹性模量、抗弯强度、脆性、冲击韧性等）将4种不同高温热处理条件进行聚类分析，根据分类结果来分析不同高温热处理条件对木材性能的影响程度。结果表明，135℃热处理材与未处理材聚为一类，说明135℃热处理对木材性能影响不大（图1-3）。

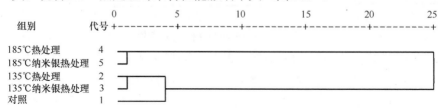

图1-3 基于力学性能对热处理山毛榉木材的聚类分析

Guo等（2014）对高温热处理毛白杨木材性能数据进行聚类分析（图1-4），结果表明，25个处理和未处理组分成2类、3类、4类，2类是分成处理材和未处理材，3类是将高温热处理材按处理强度再分成两类，4类是将高温处理分成轻度、中度和重度处理。

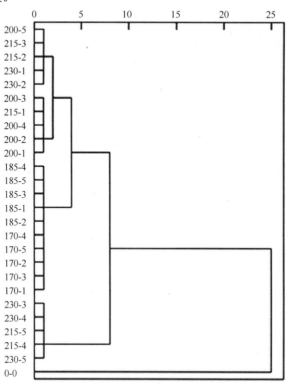

图1-4 毛白杨热处理材的聚类分析

聚类分析可以综合评价高温热处理温度和时间对木材性能的影响，从而建立一种基于木材性能对高热处理条件进行分类的新方法。通过相关性分析，全干体积湿胀率、气干体积湿胀率、全干体积干缩率、气干体积干缩率、耐腐等级、明度、抗弯强度、平衡含水率、全干密度和黄蓝色品指数等10个变量间高度相关，利用因子分析简化数据量，然后对25种高热处理工艺进行聚类分析，从热处理性能角度，25个处理条件可以被分成4组：超轻度高温热处理，除了平衡含水率有所下降，耐腐性仍为不耐腐级别；轻度高温热处理，木材为稍耐腐，强度降低幅度不大或略有增加；中度高温热处理，将耐腐等级提高到稍耐腐至强耐腐，且强度损失不大于24%；重度高温热处理，耐腐性达到强耐腐，但由于强度损失达27%以上，脆性太大，一般情况下不推荐（郭飞，2015）。

1.3 高温热处理对锯材的要求

1.3.1 锯材质量等级

一般来说，所有树种木材均可用于热处理。作为高温热处理素材应该有严格的质量等级，根据锯材数量、材性、产地、节子尺寸与类型等其他特征，将其等级分为A、B和C等级，其中A等级又分为A1、A2、A3和A4等级，另外，也可根据客户要求制材（International ThermoWood Association，2003）。

1.3.2 节子

节子可分为活节和死节。木材在高温热处理中，活节对热处理材质量影响不大，死节在热处理过程中易脱落。以松木和云杉锯材为例，对高温热处理素材节子的要求见表1-5，对阔叶材锯材高温热处理素材的要求见表1-6。

1.3.3 含水率

对于易高温热处理的木材（如杉木、南方松木材、辐射松木材），木材初始含水率没有显著差异，可以处理生材或干燥材。对于难高温热处理的木材（如落叶松木材、桉木、橡木），热处理前含水率应该尽量低。

表1-5 松木与云杉锯材作为热处理素材的材质要求

缺陷类型	节子数量 活节/死节/个 A+B等级(松木)	墙骨1~5级(云杉)	带夹皮节	节孔或松散节
2m长度锯材内 表面	8/2	8/2	不允许	不允许
侧边	4/1	4/1	不允许	不允许

在锯材宽面，活节允许最大尺寸

锯材厚度/mm	锯材宽度/mm	节子尺寸/mm A+B等级(松木)	墙骨1~5级(云杉)	活节尺寸 在整个节子的比例	要求
16、19、22、25	75 100 115	35	35		
	125 150	55	40		
	175 200 225	55	45		
32、38	75 100 115	55	40		
	125 150	55	45		
	175 200 225	60	50		
44、50	75 100 115	60	45		
	125 150	60	50		
	175 200 225	70	55		
63、75	75 100 115	60	50		
	125 150	60	55		
	175 200 225	65	60		

续表

缺陷类型	节子数量				锯材厚度/mm	锯材宽度/mm	节子尺寸/mm		活节尺寸	要求
	活节/死节/个		带夹皮节	节孔或松散节			A+B等级（松木）	墙骨1~5级（云杉）	在整个节子的比例	
	活节 A+B等级（松木）	墙骨1~5级（云杉）								
在锯材管面，活节允许最大尺寸					16、19	16、19	16、19	16、19		
					22、25	22	22			
					32、38	30	30			
					44、50	40	40			
					63、75	50	50			
簇节									70%	节子总数不应超过规定数
其他节子类型　死节									20%	20
轮状死节									不允许	不允许
不完整节									不允许	不允许
其他缺陷　端头破坏									锯材宽度的20%	锯材宽度的20%
髓心									允许	允许

表1-6　阔叶材锯材作为热处理素材的材质要求

缺陷类型	允许范围
劈裂/端裂	不允许
顿棱	允许
开裂	每3m长锯材允许有8mm裂缝
弓弯	每3m长锯材允许弓弯高15mm
扭曲	每3m长锯材允许扭曲高10mm
含水率	小于20%，一批木材含水率均匀
蓝变	允许

1.4　木材高温热处理的研究现状与发展趋势

　　木材高温热处理研究国外起步比较早，起源于20世纪初，在20年代出现了第一篇关于木材高温热处理的文章。Stamm和Hansen（1937）研究了高温热处理材的干缩湿胀性能，结果表明，干木材经高温热处理后吸湿性明显降低，湿木材经高温热处理后吸湿性却没有降低。木材高温热处理在1995年，欧洲热处理材产量为100m³/a，到2007年，其产量升至130 800m³/a（Windeisen et al.，2009）。近年来，国内木材热处理工业也得到了较大发展，高温热处理对象包括实木、单板、刨花、竹材、秸秆及其他生物质材料。高温热处理技术日益成熟，随着人们对环境的重视，热处理材生产量也日益增长，但是国内高温热处理材总产量难以估计。下面将从木材高温热处理工艺、尺寸稳定性、力学性质、颜色变化、耐久性能，影响因子与高温热处理材性质及性质之间的相互关系，高温热处理材性质变化机理研究等方面评述国内外木材高温热处理的研究现状与发展趋势。

1.4.1　现有的高温热处理工艺

　　目前，已经建立了以下5种典型的木材热处理工艺，传热介质有过热水蒸气、惰性气体、空气、热油或水（Johansson，2005），具体如下。

1.4.1.1　ThermoWood工艺

　　此工艺采用水蒸气作为介质对木材进行处理，水蒸气中的氧气含量不超过3%～5%，处理温度为150～240℃，处理时间为0.5～4h。所处理的木材可以是生材，也可以是干燥材。整个处理工艺过程分为3个阶段：升温、热处理恒温和降温阶段。该工艺在国内应用较为广泛。将该工艺进行改善，派生出加压高温热处理工艺、真空热处理工艺。

1.4.1.2 Plato工艺

此工艺分为3个阶段。①水热解阶段，处理材可以是生材或干燥材，温度为160~190℃，木材在热水加压（$6×10^5$~$8×10^5$Pa）环境下进行处理；②主要是为后续工艺做准备，将木材含水率降至0%；③热处理阶段，温度为170~190℃，处理时间为热解4~5h，干燥3~5d，固化14~16h，陈放2~3d。

1.4.1.3 Retification工艺

此工艺处理材初始含水率12%左右，在一个容器内慢慢升温到210~240℃，容器内传热介质是氮气，其中氧气含量不超过2%。在国内会与水蒸气介质热处理方式相结合对木材进行热处理。

1.4.1.4 油热处理工艺

采用油作为介质热处理材。油可以用菜籽油、亚麻子油或葵花籽油、大豆油等植物油，还可以使用塔尔油。根据每种油受热后的稠度变化及热处理材用途，热处理工艺中应采用不同处理温度与油的种类。

1.4.1.5 Le Bois Perdure工艺

此工艺是一种采用水蒸气作为介质对木材进行高温热处理的工艺，热处理温度为200~240℃。此工艺所用的水蒸气通常是木材中的水分。

1.4.2 高温热处理材尺寸稳定性

木材经过高温热处理后，其三大要素（半纤维素、纤维素和木质素）发生了降解，从而改善了木材吸湿性能，提高了木材尺寸稳定性，这是热处理技术最大的优点（Burmester，1973；Giebeler，1983；Wang and Cooper，2005；顾炼百等，2007a；Akyildiz and Ateş，2008；涂登云等，2010；Ding et al.，2011；Cao et al.，2012a，2012b，2012c）。影响热处理材尺寸稳定性的因素有树种、传热介质（热处理方式）、热处理温度、热处理时间和热处理窑中压力等热处理工艺参数。表征木材尺寸稳定性的主要参数有抗膨胀率（anti-swelling efficiency，ASE）、耐湿尺寸稳定性（anti-humidity efficiency，AHE）、平衡含

水率（equilibrium moisture content，EMC）等。下面将阐述各种因子对热处理材
尺寸稳定性的影响。

　　顾炼百等（2007b）在常压、185℃过热水蒸气热处理数小时后，白蜡
树（*Fraxinus chinensis*）、柞木（*Quercus mongolica*）、香樟（*Cinnamomum
camphora*）和荷木（*Schima superba*）4种木材的尺寸稳定性分别提高了41.04%、
43.38%、47.46%和37.56%。樟子松（*Pinus sylvestris* var. *mongolica*）、落叶松
（*Larix gmelinii*）、扭叶松（*Pinus contorta*）和马尾松（*Pinus massonicna*）木
材经过常压、230℃和3h的高温热处理后，其尺寸稳定性分别提高了41.43%、
48.88%、44.42%和48.01%，樟子松、落叶松和扭叶松的平衡含水率分别降低了
45%、50%和52%（刘星雨，2010）。在180℃和8h后，常压过热水蒸气热处理后
柞木、欧洲栗（*Castanea sativa*）、土耳其松（*Pinus brutia*）和欧洲黑松（*Pinus
nigra*）的平衡含水率分别下降了27.8%、33.0%、18.7%和25.4%，热处理后阔
叶材平衡含水率下降幅度大于针叶材（Akyildiz and Ateş，2008）。Pétrissans等
（2003）研究热处理材接触角时，高温热处理后阔叶材黑杨（*Populus nigra*）和
欧洲山毛榉（*Fagus sylvatica*）的接触角分别提高了85.8%和62.4%，而针叶材欧
洲云杉（*Picea abies*）和樟子松的接触角分别提高了16.2%和44.7%，热处理后阔
叶材的接触角增加幅度大于针叶材。在相同热处理条件下，阔叶材的尺寸稳定性
提高幅度和平衡含水率下降幅度可能高于针叶材。不同树种木材构造之间的差
异，使热处理材性质变化也有所不同，是导致热处理研究延续的一个重要因素。
然而，热处理工艺参数对木材尺寸稳定性的影响更加值得研究。

　　在过热水蒸气热处理中，高温热处理窑中加压比常压下的热处理材尺寸
更加稳定，比如，常压（0.1MPa）下，热处理温度190℃和3h，热处理水曲柳
（*Fraxinus mandshurica*）木材平衡含水率下降了46.41%；当热处理窑内压力
为0.2MPa时，热处理温度190℃和2h，其平衡含水率下降了63.24%。加压过热
蒸汽处理时介质相对湿度高，会加剧木材中半纤维素降解，使半纤维素中的
游离羟基数量减少更多，从而使木材吸湿性降低更明显（涂登云等，2010；
Ding et al.，2011）。然而，在热处理温度160℃和48h时，杨小军（2004）发
现真空（−0.1MPa）热处理榉木和柚木（*Tectona grandis*）的抗膨胀率明显高于
常压下热空气热处理。王雪花（2012）也发现真空高温热处理显著减少粗皮桉
（*Eucalyptus pellita*）木材的吸水后体积湿胀率和全干体积干缩率。在真空条件
下加热，半纤维素中多糖醛酸苷等更易发生化学变化产生吸湿性弱的聚合物（杨
小军，2004）。因此，对于过热水蒸气热处理，无论是在热处理窑加压还是在真
空状态下，热处理材尺寸稳定性大于常压下过热水蒸气热处理，因而，可以通过
加压或负压方式进一步增加热处理材尺寸稳定性。但可能常压热处理设备投资
小，更安全，也更便于维护。因此，在实际生产过程中，通常采用常压高温热处

理工艺的方法。该方法传热介质中氧气浓度对热处理材尺寸稳定性影响尚未开展研究。

无论使用哪种介质或方式的热处理，随着热处理温度的升高和时间的延长，热处理材尺寸稳定性逐渐增加，比如，在热处理温度120℃、150℃和180℃及2h时，热处理欧洲黑松木材径向ASE分别为19.13%、22.90%和28.37%；在180℃，热处理时间为2h、6h和10h，其径向ASE分别为28.37%、29.61%和34.46%（Gündüz et al.，2008）。热处理温度影响热处理材尺寸稳定性的权重大于热处理时间（Wang and Cooper，2005；Akyildiz and Ateş，2008；Korkut DS et al.，2008；Korkut S et al.，2008）。因而，在今后研究中应多考虑热处理温度对木材尺寸稳定性的影响。

以上综述了树种、热处理介质、热处理窑中压力、温度和时间对热处理材尺寸稳定性的影响，并提出了相应的研究发展趋势。

1.4.3 高温热处理材力学性质

高温热处理最大的优点是提高木材尺寸稳定性，但是热处理会导致木材力学强度降低和重量减轻等（Santos，2000；Wang and Cooper，2005；顾炼百等，2007a；龙超等，2007；Korkut DS et al.，2008；Korkut S et al.，2008；Borrega and Kärenlampi，2008；Gündüz et al.，2009）。诸多因素影响热处理材力学性能，如传热介质（热处理方式）、树种、热处理温度、热处理时间和热处理窑中压力等热处理工艺参数。前人研究的热处理材力学性能主要包括抗弯弹性模量（modulus of elasticity，MOE）、抗弯强度（modulus of rupture，MOR）、顺纹抗压强度（compression strength parallel to grain，CPG）、冲击韧性（toughness）、硬度（hardness）等。下面将阐述不同因子对热处理材力学性能的影响。

Kubojima等（2000）对比锡特卡云杉（*Picea sitchensis*）采用Plato工艺处理与Retification工艺氮气介质热处理，结果发现，静态杨氏模量、抗弯强度和抗冲击韧性空气热处理降低幅度大于氮气热处理。邓邵平等（2009）对人工林杉木心材进行了以水蒸气（Le Bois Perdure工艺）与菜籽油（德国油处理工艺）为介质的热处理，结果发现，油介质热处理材的MOR、MOE和CPG力学强度下降幅度略小于空气热处理。从而可知，在其他热处理条件相同的情况下，力学强度下降幅度从小到大的热处理介质顺序是氮气（N_2）或其他惰性气体>热油>热空气>过热水蒸气。但是过热水蒸气热处理比氮气和热油处理经济，比热空气处理更易控制热处理材质量和安全，因此，企业一般采用控制氧气浓度的过热水蒸气介质进行热处理。

　　李惠明等（2009a）研究了南方松（*Pinus* spp.）、樟子松、水曲柳和柞木过热水蒸气热处理材的力学性能，在常压、180℃，热处理时间相同的情况下，MOE分别增加了9.66%、25.35%、37.43%和3.97%，横纹抗压强度分别增加了44.57%、50.22%、36.36%和109.00%，MOR分别下降了25.91%、8.64%、6.22%和31.34%。不同树种木材热处理后，同种力学性能影响程度不同，Adewopo和Patterson（2011）的研究也有类型的结果，热空气热处理温度204℃和2h时，火炬松（*Pinus taeda*）、北美枫香（*Liquidambar styraciflua*）和黑栎（*Quercus nigra*）的MOE分别增加了3.76%、1.02%和3.53%，MOR分别增加了1.27%、11.35%和19.92%。这种差异主要由于不同树种材性之间的差异。比较李惠明等（2009a）及Adewopo和Patterson（2011）的研究结果发现，前者180℃热处理材MOR下降了，而后者在204℃热处理材MOR反而上升了，这可能是热处理材树种之间的差异造成的。

　　目前高温热处理对木材力学强度的影响分为两种规律：一种是随着热处理温度的升高和时间的延长，力学性能逐渐下降；另一种是在低温和短时间处理时，力学强度有所增加，然后随着热处理温度的升高和时间的延长，力学强度逐渐下降（江京辉和吕建雄，2012）。

　　曹永建（2008）与邓邵平等（2009）对人工林杉木心材热处理的结果显示，MOR和MOE随处理温度升高、时间延长，下降幅度增大；而对于表面硬度而言，180℃热处理时，木材径面硬度和弦面硬度均随时间的延长而增大；200℃热处理3h时，处理材硬度最大，与未处理材差异显著；随着热处理温度的升高，其硬度开始降低，220℃热处理5h后木材硬度又明显低于未处理材。然而，曹永建（2008）用过热蒸汽热处理毛白杨（*Populus tomentosa*）发现，在热处理温度小于185℃时，MOR最大增加约10%，当热处理温度进一步升高，MOR降低，最高降幅达50%；在整个热处理过程中，热处理材的MOE大于未处理材的，其中最大增幅为15.80%。还有研究发现，在热处理温度小于200℃时，MOR和MOE都有所提高，随着热处理温度的升高，处理材的弯曲性能低于未处理材的（程大莉，2007；郝东恩，2008；丁涛和顾炼百，2009；刘星雨，2010）。欧洲赤松（*Pinus sylvestris*）（Korkut DS et al.，2008）和欧洲鹅耳枥（*Carpinus betulus*）（Korkut S et al.，2008）木材进行常压热空气热处理后，与未处理材相比，随着热处理温度的升高和热处理时间的延长，热处理材力学强度逐渐下降（Gündüz et al.，2009）。从上述研究结果发现，温度影响热处理材力学性能的权重大于热处理时间（Wang and Cooper，2005；曹永建，2008）。近年来，国内学者利用加压蒸汽介质对木材进行热处理，压力一般在0.6MPa以下，在处理温度一定的情况下，随着处理窑中压力的增加，其木材强度逐渐下降（陈建云，2008；Ding et al.，2011）。

1.4.4　高温热处理材颜色变化

　　木材颜色不仅是木材表面视觉物理量的一个重要特征，而且是人工林培育、木材改性与利用等的一个重要指标，对木材加工利用具有重要意义（段新芳，2002）。高温热处理能导致木材颜色发生变化，热处理材颜色逐渐变为浅褐色、深褐色，甚至黑色；同时，还能使色差较大的素材颜色统一或降低色差。高温热处理方法不仅可以提高木材附加值，而且为美化木材表面颜色提出一种新思路。颜色评估利用国际发光照明委员会（CIE）规定的一套颜色测量方法，称为CIE标准色度系统。该系统的3个基本指标分别为明度指数（L^*）、红绿轴色品指数（a^*）和黄蓝轴色品指数（b^*），由这3个基本指标的变化可推导得出色饱和度差（ΔC^*）、色差（ΔE^*）和色相差（ΔH^*）。

　　高温热处理的介质、温度、时间和窑中压力会对木材颜色产生影响。在ThermoWood热处理过程中，热处理介质是过热水蒸气，经过该工艺处理后的木材颜色呈褐色至深褐色（International ThermoWood Association，2003）。Retification热处理后木材颜色变暗（周永东等，2006）。热油处理木材具有一定的油烟味，低温处理的木材颜色略呈浅褐色，高温处理的木材颜色呈深褐色。同一种木材在相同高温热处理温度下，不同热处理介质对木材颜色影响较小。热处理温度对木材颜色的变化具决定性作用，以热处理樟子松木材为例，利用饱和水蒸气排出热处理箱内氧气，在高温热空气处理木材时，使氧气浓度小于2%。当高温热处理时间恒定，处理温度为180℃、200℃、220℃和230℃时，L^*分别下降了6.87、15.82、24.73和30.34，ΔE^*分别为8.45、16.97、25.78和31.56（Pétrissans et al.，2003）。随着热处理温度的升高和时间的延长，L^*逐渐降低，颜色偏黑；a^*和b^*的发展趋势相同，在同一温度热处理下，起初它们有所增加，然后下降。色饱和度（C^*）的变化与b^*相同，b^*的贡献率最大。与热处理时间相比，热处理温度对木材颜色变化的影响所占权重要高（Bekhta and Niemz，2003；Johansson and Morén，2006；Brischke et al.，2007；程大莉，2007；González-Peña and Hale，2009a，2009b；李贤军等，2011；唐荣强等，2011）。在相同热处理温度和时间下，加压过热水蒸气热处理樟子松木材的L^*值下降幅度明显低于常压下过热水蒸气热处理，并且差异显著（Ding et al.，2011）。利用热处理使木材颜色变成褐色及更深颜色的现象，可以高温热处理颜色差别比较大的木材，使处理后木材颜色趋于一致，以提高该木材的附加值（史蕾等，2011）。

　　热处理颜色直接反映出热处理程度，也就是说，可以通过热处理材颜色变化估计或预测热处理材的其他物理力学性质，比如失重率和力学强度。González-Peña和Hale（2009a）建立了热处理材失重率与颜色之间的关系，当失重率小于

3%时，随着处理材失重率的增加，a^*、b^*和C^*逐渐增大；当失重率大于3%时，随着失重率的增加，a^*、b^*和C^*逐渐减小。Brischke等（2007）研究得到L^*与b^*值与热处理材失重率呈线性关系，云杉、榉木和松木边材的决定系数均在0.90以上，松木心材的决定系数为0.669，因而利用热处理材颜色变化控制木材失重率；ΔE^*与不同树种高温热处理材的抗弯强度呈线性关系，决定系数均大于0.98（Bekhta and Niemz，2003）。González-Peña和Hale（2009b）利用ΔE^*和明度指数差（ΔL^*）分别对热处理后木材的抗弯强度、抗弯弹性模量、硬度、剪切强度、冲击韧性、顺纹抗压强度、横纹抗压强度和密度等物理力学性能进行了二项式$y=b_0+b_1x+b_2x^2$拟合，ΔE^*和ΔL^*与热处理材的物理力学性能存在显著相关，ΔE^*与各物理力学性能的决定系数高于ΔL^*与各物理力学性能的。同时，杉木ΔC^*、ΔE^*和ΔH^*与木材抗弯强度和抗弯弹性模量损失率呈线性相关。因此，可以通过颜色的变化来控制热处理的温度和时间，以达到控制高温热处理材质量的目的。当然，也有学者认为利用高温热处理材颜色变化预测强度的准确性不高，强度主要受到心边材、生长轮、幼龄材或成熟材等因素的影响（Johansson and Morén，2006）。木材颜色是影响热处理材附加值的关键因素之一，建立木材颜色与其他物理力学性能的关系，通过检测木材颜色的变化，便可获知热处理材的其他物理力学性能的变化情况。

1.4.5　高温热处理材耐久性能

高温热处理是一种以物理方式改性木材的方法，可提高木材尺寸稳定性、降低木材部分强度，但是木材耐久性是否延长存在争议。木材耐久性包括耐腐性能、抗白蚁蛀蚀、抗霉菌和变色菌的侵蚀等。腐朽菌、霉菌、变色菌和白蚁均是破坏木材性能的生物因子，但其为害方式及对木材的败坏程度和原理并不相同（马星霞等，2011）。Smith等（2003）对赤松和欧洲云杉（*Picea abies*）热处理材进行了防白蚁测试，结果表明，仅热处理不防白蚁，对热处理材进一步浸油处理，防白蚁性可显著提高。经200℃油热处理3～4h的樟子松木材，热处理材对霉菌的平均防治力仅为25%，不能抵抗变色菌和白蚁的侵蚀，被白蚁侵蚀后的质量损失率甚至超过了未处理材；但是室内外耐腐等级分别是强耐腐Ⅰ级和9.5级，较未处理材的耐腐等级有显著提高（马星霞等，2009，2011）。也有研究得出相同结果，即常压过热水蒸气热处理材不具有防霉与白蚁性能，热处理阔叶材防白蚁性能略好于针叶材，耐腐等级有显著提高（李惠明等，2009b；朱昆等，2010；陈人望等，2010）。在较低温度（160℃）下热处理材时间很短时，其室内外耐腐性能提高不显著，随着热处理温度的升高和热处理时间的延长，热处理材室内耐腐等级逐渐提高（程大莉等，2008；Skyba et al.，2009；Calonego et al.，2010；刘星雨等，2011）。Surini等（2012）真空热处理海岸松（*Pinus pinaster*）也发现该热处理方式没有增加木材防白蚁性能。从上述前人研究结果可以看出，热处理改性方式不具有增加木材防白蚁与霉菌性能，但是随着热处理温度的升高及热处理时间的延长，木材耐腐性能有显著提高，甚至使木材达到强耐腐级。欲提高热处理材抗白蚁、耐霉菌等性能，应与其他改性方法相结合。

1.4.6 影响因子与高温热处理材性质及性质之间的相互关系

随着高温热处理温度升高和时间延长，高温热处理材吸湿性能下降、尺寸稳定性提高，即ASE和AHE增加；热处理材MOR下降、MOE先升高后下降；其颜色将变成棕色或棕黑色，即$\varDelta E^*$值逐渐增加。当热处理温度从100℃升至200℃，热处理挪威云杉木材的MOR约下降50%，而MOE仅下降9%（Bekhta and Niemz，2003）。然而，在前人的研究中，短时间热处理材的MOE较未处理材的有所增加，Kubojima等（2000）研究发现，在热处理初期，锡特卡云杉的MOE有所增加，随着热处理温度的升高，MOE才逐渐下降。在热处理温度202℃和3h时，冷杉（*Abies* spp.）的MOE增加17%（Shi et al.，2007）。当热处理温度为200℃、热处理时间小于2h时，人工林杉木的MOE较未处理材的增加3%（Cao et al.，2012a）。对热处理材尺寸稳定性而言，在210℃热处理欧洲白蜡（*Fraxinus excelsior*）木材的ASE提高了62%（Živković et al.，2008），在热处理温度120℃、150℃和180℃及2h时，热处理黑松木材径向ASE分别为19.13%、22.90%和28.37%（Gündüz et al.，2008），即随着热处理温度升高，ASE逐渐增大。对热处理材颜色而言，随着热处理温度的升高，L^*值和b^*值逐渐减小，a^*值在短时间内增大，然后减小（Bekhta and Niemz，2003；Johansson and Morén，2006；Cao et al.，2012c）。Bekhta和Niemz（2003）发现，$\varDelta E^*$与弯曲性能（MOR和MOE）呈线性关系，其决定系数为0.99；Brischke等（2007）发现热处理材失重率与L^*和b^*之和呈线性关系；González-Peña和Hale（2009b）发现，利用$\varDelta E^*$预测热处理材强度更为准确。与热处理时间相比，热处理温度影响木材物理力学性能的权重更大。近来在过热水蒸气热处理中，热处理窑中压力对提高热处理材尺寸稳定性有显著影响，对L^*下降也存在显著影响，但对冲击韧性、顺纹抗压强度、MOR、MOE影响不显著（Ding et al.，2011）。Jiang等（2014）以高温热处理柞木木材为例，建立热处理温度、时间、氧气浓度和窑内压力等影响因子与热处理材物理力学性能的关系，利用运筹学（非线性规划）原理，根据用户对热处理材的要求或期望，优化热处理工艺。

高温热处理的优点是提高木材尺寸稳定性和增加耐久性能，但是热处理会导致木材力学强度降低、重量减轻及木材颜色变化等。如何平衡热处理材尺寸稳定性提高与力学强度下降、重量损失及颜色变化的关系，一直是企业与研究人员关注的焦点。

1.4.7　高温热处理材性质变化机理

高温热处理使木材尺寸稳定性提高，但是使热处理材力学强度降低和质量损失等。关于高温热处理材性质变化机理的研究有很多，研究手段也多样，研究手段也因研究目标不同而有所侧重，分析手段主要包括扫描电子显微镜、纯化学分析法、气质联用、差示扫描量热法、核磁共振、傅里叶红外光谱分析、近红外分析、X射线衍射法、动态吸附仪和纳米压痕等，从热处理材微观结构、主要成分含量、热处理过程中的产物、特征官能团变化、结晶度及细胞壁力学性能等方面进考察。

扫描电子显微镜发现，热处理对辐射松轴向管胞、径向薄壁组织和纹孔没有影响；对赤松解剖结构没有影响；热处理挪威云杉出现细胞分层、细胞壁的分层和纹孔降解，管胞之间的纹孔缘还是完好的（Boonstra et al.，2006a）。热处理针叶材后，木材主要出现切线裂纹、径向裂纹和管胞垂直方向上断裂，甚至会在木材管胞壁、射线组织和纹孔出现爆炸性破坏（Boonstra et al.，2006a；Awoyemi and Jones，2011）。水蒸气热解热处理发现，在弦切面，杨木管胞垂直于纤维方向断裂；欧洲白桦（*Betula pendula*）出现径向裂纹和导管崩塌；欧洲桤木（*Alnus glutinosa*）仅有轻微地崩塌，以及纤维方向附近导管有点破坏。扫描电镜未发现射线薄壁塞、纹孔缘和大窗口塞被热处理破坏的现象（Boonstra et al.，2006b）。江京辉（2013）运用纳米压痕技术研究高温热处理柞木木材发现，随着热处理温度的升高，处理柞木木材细胞壁的纵向弹性模量呈先增加后降低趋势，与热处理无疵小试样木材端面硬度变化趋势相同。王雪花（2012）热处理阔叶材粗皮桉导管和射线薄壁组织细胞崩塌严重，同时导致了裂纹，木材破坏严重。对一些阔叶材而言，热处理对其微观构造影响比较严重，通扫描电镜能发现热处理材管胞、导管、薄壁组织细胞等被破坏现象，可能不适合应用高温热处理。

随着高温热处理温度升高和时间延长，综纤维素和α-纤维素含量下降，而木质素含量出现上升趋势（曹永建，2008；王雪花，2012）。利用气质联用色谱分析发现高温热处理材半纤维降解，产生阿拉伯糖和木糖，纤维素和木质素在剧烈热处理条件下才发生轻微地降解（Esteves et al.，2007，2011）；160~170℃热处理温度下70%的半纤维素降解，主要生成阿拉伯糖和半乳糖（Salmén et al.，2008）。借助傅立叶变换红外线光谱（FTIR）分析仪器，能够推断热处理材过程中半纤维发生降解，非结晶区含量减少，纤维素相对结晶度增加，当热处理温度继续升高，纤维素和木质素发生降解，木质素发生交联和缩合反应（Pétrissans et al.，2003；Weiland and Guyonnet，2003；Inari et al.，2007；Akgül et al.，2007；Salmén et al.，2008）。FTIR显示1600cm^{-1}的C=C基团含量增加，从而导致热处理材吸湿性能下降，NMR分析热处理材木质素中芳香碳（115~155ppm）和甲氧基（56ppm）的含量有所增加；半纤维素和纤维素含量有所降低（Pétrissans et al.，2003）。OH、CH$_3$、CH$_2$和CH基团峰均有不同程度地减弱，表现在热处理材中纤维素和半纤维素含量下降（Schwanninger et al.，2004）。利用X射线衍射仪分析热处理材的结晶度发现，随着热处理温度升高，木材的结晶度呈先上升后下降的趋势，热处理温度为200℃时，结晶度达到最高，为52.57%（王雪花，2012），热处理温度对木材的相对结晶度影响极显著，而热处理相对湿度对木材的相对结晶度影响不显著（张士成等，2010）。由于吸湿性能强的半纤维素在热处理过程中发生降解，使得纤维素结晶度有所提高，热处理材吸湿性下降，进而提高了热处理材尺寸稳定性。因而，通过气相或液相色谱能够分析出热处理过程中产生的糖类及低分子量的物质，X射线衍射仪较易分析木材相对结晶度的变化，更有利于推断热处理材尺寸稳定性的变化。

1.4.8　木材高温热处理的发展趋势

1.4.8.1　木材干燥与高温热处理一体化

在木材加工过程中，木材干燥生产环节是必不可少的。现在国内企业基本上都是采用传统的常规干燥设备，其中大部分为箱式。而木材高温热处理设备一般也为箱式，设备整体结构、供热及动力与常规干燥窑一样，主要的差别在于密闭性、加热与保温。常规干燥与高温热处理分步处理的工艺要增加木材出窑进窑两次，导致整个处理时间延长，而采用高温干燥木材，速度快，能耗少。因此，将木材干燥与高温热处理合为同一设备，可节约厂房空间、提高设备使用效率，可大大提高企业经济效益。木材干燥与高温热处理一体化是未来发展趋势。

1.4.8.2　高温热处理材过程中有机挥发物回收技术

从木材高温热处理定义中可知，热处理阶段温度为160~250℃，而在前期木材干燥阶段温度一般都大于100℃，木材高温处理过程中挥发性有机化合物主要有两部分来源：一部分是木材抽提物，产生帖烯类和醛类，该部分主要在木材干燥阶段产生；另一部分是热处理温度进一步上升，木材的主要成分纤维素、半纤维素及木质素发生降解，生成酸、醇、醛类等挥发性有机化合物。经热处理的木材具有的烟熏般的气味可能来自糠醛化合物，气味很容易被人体感觉到，且比未经处理的木材更强烈，能检查出来。

　　因此，高温热处理过程中必须对排出的挥发性有机化合物进行收集，尤其是对醛类的处理与回收。

1.4.8.3　集成高温热处理与其他改性相结合技术

　　目前，高温热处理与其他改性技术相结合的技术有很多。比如，木材浸渍-热处理一体化技术，高温热处理可以明显改善木材的尺寸稳定性，但高温热处理可能导致木材力学性能有所降低，对于密度和力学强度较差的人工林速生材的适用性有限。然而，低分子量树脂浸渍是一种常用的木材增强改性技术，树脂进入木材内部可以提高木材的密度，树脂间的相互交联可以增加木材的刚度，树脂对木材内部空隙及游离羟基的封闭可以改善木材的尺寸稳定性，是提升人工林速生材附加值、拓宽其应用领域的有效技术手段（李龙哲等，2009）。木材热压密实炭化一体化技术，即将热压干燥、密实化和炭化等3种不同的方法结合起来，在普通热压机上对木材进行功能性改良，实现人工林木材密实干燥炭化一体化生产，从而使人工林木材的力学性能、尺寸稳定性、耐腐性、耐久性等性能增强（邬飞宇等，2015）。高温热处理还可以与实木弯曲技术相结合等。针对高温热处理材抗霉变性差，对热处理材加入纳米铜，含铜的热处理材霉变防治力高达90%以上。因此，根据热处理材产品用途，结合其他改性技术，弥补热处理材某些性能的不足，使热处理材附加值进一步提高。

主要参考文献

曹永建. 2008. 蒸汽介质热处理材性质及其强度损失控制原理. 中国林业科学研究院博士学位论文: 6, 116-121, 144.

陈建云. 2008. 樟子松木材压力高温热处理工艺及材性研究. 南京林业大学硕士学位论文: 32-66.

陈人望, 李惠明, 钟俊鸿. 2010. 热处理改性木材的性能分析Ⅳ. 热处理材的防白蚁性能. 木材工业, 24(4): 49-50.

程大莉. 2007. 高温热处理杉木木材的工艺及性能研究. 南京林业大学硕士学位论文: 22, 39.

程大莉, 蒋身学, 张齐生. 2008. 杉木热处理材的耐腐性研究. 木材工业, 22(6): 11-13.

邓邵平, 杨文斌, 陈瑞英, 等. 2009. 人工林杉木木材力学性质对高温热处理条件变化的响应. 林业科学, 45(12): 105-111.

丁涛, 顾炼百. 2009. 185℃高温热处理对水曲柳木材力学性能的影响. 林业科学, 45(2): 92-97.

段新芳. 2002. 木材颜色调控技术. 北京: 中国建材工业出版社.

顾炼百, 李涛, 涂登云, 等. 2007b. 超高温热处理实木地板的工艺及应用. 木材工业, 21(3): 4-7.

顾炼百, 涂登云, 于学利. 2007a. 炭化木的特点及应用. 中国人造板, 14(5): 30-32, 37.

郭飞. 2015. 高温热处理对马尾松蓝变材性能的影响及其聚类分析. 中国林业科学研究院硕士学位论文: 9-12.

郝东恩. 2008. 杨木超高温热处理的研究. 南京林业大学硕士学位论文: 31.

江京辉. 2013. 过热蒸汽处理柞木性质变化规律及机理研究. 中国林业科学研究院博士学位论文: 81-83.

江京辉, 吕建雄. 2012. 高温热处理对木材强度影响的研究进展. 南京林业大学学报(自然科学版), 36(2): 1-6.

李惠明, 陈人望, 严婷. 2009a. 热处理改性木材的性能分析Ⅰ. 热处理材的物理力学性能. 木材工业, 23(2): 43-45.

李惠明, 陈人望, 严婷, 等. 2009b. 热处理改性木材的性能分析Ⅱ. 热处理材的化学组成与耐腐防霉性能. 木材工业, 23(3): 46-48.

李龙哲, 阳财喜, 宗作梅, 等. 2009. 桉树木材的浸渍增强热处理技术. 木材工业, 23(3): 40-42.

李贤军, 蔡智勇, 傅峰, 等. 2011. 高温热处理对松木颜色和湿润性的影响规律. 中南林业科技大学学报, 31(8): 178-182.

刘星雨. 2010. 高温热处理材的性能及分类方法探索. 中国林业科学研究院硕士学位论文: 35-37, 40-45, 72-80, 106-110.

刘星雨, 黄荣凤, 吕建雄. 2011. 热处理工艺对针叶树材耐腐性及力学性能的影响. 木材工业, 25(1): 16-18.

龙超, 郝丙业, 刘文斌, 等. 2007. 热处理材的工艺及应用. 木材工业, 21(6): 44-46.

马星霞, 蒋明亮, 吕慧梅, 等. 2009. 樟子松热处理材耐腐性的评价. 木材工业, 23(5): 45-47.

马星霞, 蒋明亮, 吴玉章, 等. 2011. 樟子松热处理材耐久性能的评价. 木材工业, 25(1): 44-46.

史蕾, 鲍甫成, 吕建雄, 等. 2011. 热处理温度对圆盘豆地板材颜色的影响. 木材工业, 25(2): 37-39.

唐荣强, 鲍滨福, 李贤军. 2011. 热处理条件对杉木颜色变化的影响. 浙江农林大学学报, 28(3): 455-459.

涂登云, 王明俊, 顾炼百, 等. 2010. 超高温热处理对水曲柳板材尺寸稳定性的影响. 南京林业大学学报(自然科学版), 34(3): 113-116.

王雪花. 2012. 粗皮桉木材真空热处理热效应及材性作用机制研究. 中国林业科学研究院博士学位论文: 68-85.

邬飞宇, 李丽丽, 王喜明. 2015. 樟子松材干燥密实炭化一体化技术的优化. 东北林业大学学报, 43(4): 82-86.

杨小军. 2004. 热处理对实木地板尺寸稳定性影响的研究. 木材加工机械, 15(6): 18-20.

张士成, 齐华春, 刘一星, 等. 2010. 高温过热蒸汽处理对木材结晶性能的影响. 南京林业大学学报(自然科学版), 34(5): 164-166.

周永东, 姜笑梅, 刘君良. 2006. 木材超高温热处理技术的研究及应用进展. 木材工业, 20(5): 1-3.

朱昆, 程康华, 李惠明, 等. 2010. 热处理改性木材的性能分析Ⅲ——热处理材的防霉性能. 木材工业, 24(1): 42-44.

Adewopo J B, Patterson D W, et al. 2011. Effects of heat treatment on the mechanical properties of Loblolly pine, Sweetgum, and Red Oak. Forest Products Journal, 61(7): 526-535.

Akgül M, Gümüşkaya E, Korkut S. 2007. Crystalline structure of heat treated Scots pine (*Pinus sylvestris* L.) and uludağ fir [*Abies nordmanniana* (Stev.) subsp. *bornmuelleriana* (Mattf.)] wood. Wood Science and Technology, 41(3): 281-289.

Akyildiz M H, Ateş S. 2008. Effect of heat treatment on equilibrium moisture content of some wood species in Turkey. Research Journal of Agriculture and Biological Science, 4(6): 660-665.

Awoyemi L, Jones I P. 2011. Anatomical explanations for the changes in properties of western red cedar (*Thuja plicata*) wood during heat treatment. Wood Science and Technology, 45(2): 261-267.

Bächle H, Zimmer B, Wegener G. 2012. Classification of thermally modified wood by FT-NIR spectroscopy and SIMCA. Wood Science and Technology, 46(6): 1181-1192.

Bekhta P, Niemz P. 2003. Effect of high temperature on the change in color, dimensional stability and mechanical properties of spruce wood. Holzforschung, 57(5): 539-546.

Boonstra M J, Rijsdijk J F, Sander C, et al. 2006a. Micro structural and physical aspects of heat treated wood. Part 1. Softwoods. Maderas. Ciencia y Technología, 8(3): 193-208.

Boonstra M J, Rijsdijk J F, Sander C, et al. 2006b. Micro structural and physical aspects of heat treated wood. Part 2. Hardwoods. Maderas. Ciencia y Technología, 8(3): 209-217.

Borrega M, Kärenlampi P P. 2008. Mechanical behavior of heat-treated spruce (*Picea abies*) wood at constant moisture content and ambient humidity. Holz als Roh- und Werkstoff, 66(1): 63-69.

Brischke C, Welzbacher C R, Brandt K, et al. 2007. Quality control of thermally modified timber: interrelationship between heat treatment intensities and CIE L* a* b* color data on homogenized wood samples. Holzforschung, 61(1): 19-22.

Burmester A. 1973. Effect of heat-pressure-treatment of semi-dry wood on its dimensional stability. Holz als Roh- und Werkstoff, 31: 237-243.

Calonego F W, Severo E T D, Furtado E L. 2010. Decay resistance of thermally-modified Eucalyptus grandis wood at 140℃, 160℃, 180℃, 200℃ and 220℃. Bioresource and Technology, 101: 9391-9394.

Cao Y J, Jiang J H, Lu J X, et al. 2012c. Color change of Chinese fir through steam-heat treatment. BioResources, 7(3): 2809-2819.

Cao Y J, Lu J X, Huang R F, et al. 2012a. Effect of steam-heat treatment on mechanical properties of Chinese fir. BioResources, 7(1): 1123-1133.

Cao Y J, Lu J X, Huang R F, et al. 2012b. Increased dimensional stability of Chinese fir through steam-heat treatment. European Journal of Wood and Wood Products, 70(4): 441-444.

Ding T, Gu L B, Li T. 2011. Influence of steam pressure on physical and mechanical properties of heat-treated Mongolian pine lumber. European Journal of Wood and Wood Products, 69(1): 121-126.

Esteves B, Antonio V M, Domingoes I, et al. 2007. Influence of steam heating on properties of pine (*Pinus pinaster*) and eucalypt (*Eucalyptus globulus*) wood. Wood Science and Technology, 41(3): 193-207.

Esteves B, Videira R. Pereira H. 2011. Chemistry and ecotoxicity of heat-treated pine wood extractives. Wood Science and Technology, 45(4): 661-676.

Giebeler E. 1983. Dimensional stabilization of wood by moisture heat pressure treatment. Holz als Roh- und Werkstoff, 41(3): 87-94.

González-Peña M M, Hale M D C. 2009a. Color in thermally modified wood of beech, Norway spruce and Scots pine. Part 1: color evolution and color changes. Holzforschung, 63(4): 385-393.

González-Peña M M, Hale M D C. 2009b. Color in thermally modified wood of beech, Norway spruce and Scots pine. Part 2: property predictions from color changes. Holzforschung, 63(4): 394-401.

Gündüz G, Korkut S, Aydemir D, et al. 2009. The density, compression strength and surface hardness of heat treated hornbeam (*Carpinus betulus* L.) wood. Maderas. Ciencia y Technología, 11(1): 61-71.

Gündüz G, Korkut S, Korkut D S. 2008. The effects of heat treatment on physical and technological properties and surface roughness of Camiyani Black Pine (*Pinus nigra* Arn. subsp. *pallasiana* var. *pallasiana*) wood. Bioresource and Technology, 99(7): 2275-2280.

Guo F, Huang R F, Lu J X, et al. 2014. Evaluating the effect of heat treating temperature and duration on wood properties using comprehensive cluster analysis. Journal of Wood Science, 60(4): 255-262.

Inari G N, Pétrissans M, Gérardin P. 2007. Chemical reactivity of heat-treated wood. Wood Science and Technology, 41(2): 157-168.

International ThermoWood Association. 2003. ThermoWood handbook. www.thermowood.fi [2020-01-15].

Jiang J H, Lu J X, Zhou Y D, et al. 2014. Optimization of processing variables during heat treatment of oak (*Quercus mongolica*) wood. Wood Science and Technology, 48(2): 253-267.

Johansson D. 2005. Strength and color response of solid wood to heat treatment. Luleå University of Technology Department of Skellefteå Campus, Division of Wood Technology: 1-3.

Johansson D, Morén T. 2006. The potential of color measurement for strength prediction of thermally treated wood. Holz als Roh- und Werkstoff, 64(2): 104-110.

Korkut D S, Korkut S, Bekar I, et al. 2008. The effects of heat treatment on the physical properties and surface roughness of Turkish Hazel (*Corylus colurna* L.) wood. International Journal of Molecular Sciences, 9(9): 1772-1783.

Korkut S, Akgül M, Dünder T. 2008. The effects of heat treatment on some technological properties of Scots pine (*Pinus sylvestris* L.) wood. Bioresource and Technology, 99(6): 1861-1868.

Kubojima Y, Okano T, Ohta M. 2000. Bending strength and toughness of heat-treated wood. Journal of Wood Science, 46(1): 8-15.

Pétrissans M, Gérardin P, Bakali I E, et al. 2003. Wettability of heat-treated wood. Holzforschung, 57(3): 301-307.

Salmén L, Possler H, Stevanic J S, et al. 2008. Analysis of thermally treated wood samples using dynamic FTIR spectroscopy. Holzforchung, 62(6): 676-678.

Santos J A. 2000. Mechanical behavior of Eucalyptus wood modified by heat. Wood Science and Technology, 34(1): 39-43.

Schnabel T, Zimmer B, Petutschnigg A J, et al. 2007. An approach to classify thermally modified hardwoods by color. Forest Products of Journal, 57(9): 105-110.

Schwanninger M, Hinterstoisser B, Gierlinger N, et al. 2004. Application of fourier transform near infrared spectroscopy (FT-NIR) to thermally modified wood. Holz als Roh- und Werkstoff, 62(6): 483-485.

Shi J L, Kocaefe D, Zhang J. 2007. Mechanical behavior of Québec wood species heat-treated using thermowood process. Holz als Roh- und Werkstoff, 65(4): 255-259.

Skyba O, Niemz P, Schwarze F W M R. 2009. Resistance of thermo-hygro-mechanically (THM) densified wood to degradation by white rot fungi. Holzforchung, 63(5): 639-646.

Smith W R, Rapp A O, Welzbacher C, et al. 2003. Formosan subterranean termite resistance to heat treatment of Scots pine and Norway spruce. The international research group on wood preservation, Section 4 Processes and properties. IRG Document No. IRG/WP 03-40264.

Stamm A J, Hansen L A. 1937. Minimizing wood shrinkage and swelling: effect of heating in Various gases. Industrial and Engineering Chemistry, 29(7): 831-833.

Surini T, Charrier F, Malvestio J, et al. 2012. Physical properties and termite durability of maritime pine *Pinus pinaster* Ait., heat-treated under vacuum pressure. Wood Science and Technology, 46(1-3): 487-501.

Syrjänern T, Oy K. 2001. Production and classification of heat treated wood in Finland. *In*: Review on heat treatment of wood. Proceedings of the special seminar of COST Action E22, Antibes, France: 7.

Taghiyari H R. 2011. Effects of nano-silver on gas and liquid permeability of particleboard. Digest Journal of Nanomaterials & Biostructures, 6(4): 1509-1517.

Taghiyari H R, Enayati A, Gholamiyan H. 2013. Effects of nano-silver impregnation on brittleness, physical and mechanical properties of heat-treated hardwoods. Wood Science and Technology, 47(3): 467-480.

Wang J Y, Cooper P A. 2005. Effect of oil type, temperature and time on moisture properties of hot oil-treated wood. Holz als Roh- und Werkstoff, 63(6): 417-422.

Weiland J J, Guyonnet R. 2003. Study of chemical modifications and fungi degradation of thermally modified wood using DRIFT spectroscopy. Holz als Roh- und Werkstoff, 61(3): 216-220.

Windeisen E, Bächle H, Zimmer B, et al. 2009. Relations between chemical changes and mechanical properties of thermally treated wood. Holzforschung, 63(6): 773-778.

Živković V, Prša I, Turkulin H, et al. 2008. Dimensional stability of heat treated wood floorings. Drvna Industrija, 59(2): 69-73.

2 木材高温热处理方法与设备

　　木材高温热处理是一种环境友好型木材改性技术，整个处理过程中不使用任何化学制剂或其他有害物质，仅凭借热量使木材的理化性能发生变化，从而达到改变木材性能的目的。木材经过高温热处理后，尺寸稳定性和耐久性得到显著提高，木材颜色加深，且木材表面光泽度更加均匀，质感更柔和。目前，比较成熟的木材高温热处理工艺主要有ThermoWood工艺、Plato工艺、Retification工艺、Le Bois Perdure工艺及油热处理工艺。

　　热处理设备与热处理材的性能密切相关。近年来，木材高温热处理技术在国内得到迅猛发展，随之也带动了木材热处理设备制造产业的发展。众所周知，在整个热处理过程中，处理温度、时间、介质及压力等参数的精准控制决定着热处理材的最终质量，因此，实现这一精准控制的载体——热处理设备，就显得尤为关键。

　　当前，国内使用的木材高温热处理设备大多数是从国外进口，少数是国内自行生产，且多是由以前的干燥设备或防腐设备改装而来。但近几年来，逐渐开始了木材高温热处理设备的全新设计，壳体多以不锈钢为主，热处理设备主体分为窑/厢式和罐式，热源一般为电、热油、天然气，也有的使用生物质燃气（李坚等，2011）。总体来说，一套完整的木材高温处理设备应具备以下几个部分：供热系统、高温热处理系统、排气净化系统和控制系统。

　　本章主要介绍木材高温热处理方法及常用的高温热处理设备。

2.1 木材高温热处理工艺

2.1.1 ThermoWood 工艺

　　蒸汽介质热处理工艺（ThermoWood工艺）是由芬兰国家技术研究中心（VTT）有限公司提出，并取得了ThermoWood专利（International ThermoWood Association，2003；Finnish ThermoWood Associatoin，2010）。该工艺在整个处理过程中仅使用蒸汽和热，不添加任何化学物质。在蒸汽环境下，将木材加热至温度不低于180℃，一般处理温度范围为180~250℃。蒸汽介质热处理对木材的理化性能有显著影响，主要表现为木材平衡含水率降低、尺寸稳定性（抗干缩性能、抗湿胀性能）显著提高、生物耐腐性提高、材色变深、pH降低、热绝缘性增强。然而，木材高温热处理后，硬度和抗弯强度也会发生改变（Homan and Jorissen，2004；Finnish ThermoWood Association，2010）。

　　理论上来说，任何木材都可以用来进行热处理。原材料的质量对热处理材的质量有显著影响。不同树种之间，由于树龄、木材结构、化学组分含量等不同，其材性也不尽相同。一般来说，根据树的种类应采用最优化的热处理工艺。

2.1.1.1　介质和热源

　　以水蒸气为介质。可通过锅炉供热，也可通过电加热。

2.1.1.2　木材初始含水率

　　处理材可以是生材，也可以是干燥材。当处理材为生材时，应采用快速干燥工艺，降低木材含水率，此方法适用于针叶材和阔叶材。但对于不同树种，处理工艺亦不相同。

　　木材的初始含水率对热处理材的最终性能并无显著影响，因此，热处理对木材的初始含水率并无特殊要求。无论如何，第一阶段都必须把木材干燥至绝干。因此，干燥是整个工艺中耗时最多的一个阶段。

2.1.1.3　工艺的处理阶段

　　第一阶段：升温和高温干燥阶段

　　以蒸汽为介质，快速升温至100℃，之后，以固定的速率升温至130℃，在此期间，高温干燥即开始，直至木材中的含水率降低至零，木材接近绝干状态。一般来说，此阶段最为耗时。此阶段的目的是将木材的含水率降低至零，以便于后续的热处理。此阶段最关键的是避免木材发生内裂。此阶段时长应根据初始含水率、树种、板材厚度来确定。

　　第二阶段：热处理阶段

　　此过程在密闭空间内完成。高温干燥处理开始后，热处理设备内温度升高至目标温度（185~215℃）后，根据产品最终用途，保持温度1~5h。此阶段中，水蒸气既是保护介质，又是传热介质。

　　第三阶段：降温调湿处理阶段

　　高温热处理结束后，通过喷淋系统，降低热处理设备内部温度。当温度降低至80~90℃时，开始进行调湿处理，使处理材的含水率达到4%~7%。此阶段一般时长为5~15h，也可根据实际情况调整。

整个处理过程中，根据树种、木材规格尺寸不同设置相应的工艺参数，采用电子控制系统调控温度升高或降低，以防止木材表面和内部发生劈裂。

2.1.1.4　处理材等级

由于针叶材和阔叶材在构造和材性上均有显著差异，因此所采用的处理工艺不尽相同，处理材的等级分类也有所区别。高温热处理过程中，当处理温度低于200℃时，木材理化性能变化速率缓慢；然而，当温度超过200℃，木材理化性能变化速率显著加快。例如，当高温热处理温度为215℃时，处理材的理化性能与未处理材的相比发生了显著变化（International ThermoWood Association，2003）。ThermoWood蒸汽高温热处理材分为两个等级：Thermo S等级和Thermo D等级（图2-1）。

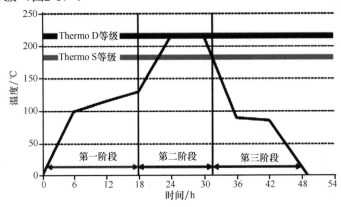

图2-1　ThermoWood生产工艺

Thermo S等级　S表示尺寸稳定性。热处理后木材顺纹方向的干缩率和湿胀率均介于6%与8%之间，且耐腐性达到等级3（BS EN 113:1997[①]）。Thermo S等级材用途见表2-1。

表2-1　Thermo S等级材用途

材种	用途
针叶材	建筑部件、干燥环境下使用的家具、干燥环境下使用的型架、家具、庭园家具、桑拿长凳、门窗部件
阔叶材	装备、型架、家具、木地板、桑拿结构用材、庭园家具

---

① BS EN 113:1997　Wood preservatives. Test method for determining the protective effectiveness against wood destroying basidiomycests. Determination of the toxic values，木材防腐剂．对损害木材的担子菌纲防护效果的测定试验方法．有毒物数值的测定。

Thermo D等级　D表示耐久性。高温热处理后木材顺纹方向的干缩率和湿胀率介于5%与6%之间，即高温热处理材的天然耐腐性等级达到2级（BS EN 113:1997）。Thermo D等级材用途见表2-2。

表2-2　Thermo D等级材用途

材种	用途
针叶材	护墙板、室外用门、百叶窗、环保型建筑用材、桑拿房和浴室用家具、木地板、庭园家具
阔叶材	产品最终用途同Thermo S产品用途。如果最终用途对深颜色有要求时，可用Thermo D处理工艺

2.1.1.5　设备

在高温热处理过程中，由于木材中的挥发性物质、抽提物、热降解产物等具有一定的腐蚀性，因此，设备腔体应采用不锈钢。同时配备鼓风和散热装置，以及其他安全设备。

2.1.1.6　能耗

干燥木材所需能耗约占总热处理过程能耗的80%，热处理工艺总能耗比常规干燥总能耗高出25%，但在电力消耗方面，木材热处理用电量与木材常规干燥用电量是一样的。

2.1.1.7　环境评估

整个水蒸气热处理过程仅使用水蒸气和热，不使用其他任何化学物质，工艺属于环境友好型，仅有一些从木材中挥发出来的少量难闻性气体需要处理，如采用燃烧法等。整个热处理过程中仅产生少量的废水，废水中的固体成分在通过沉淀池后会被收集起来，其余的废水会通过废水处理装置进行处理。

2.1.2　Plato 工艺

1972年，由于石油危机，荷兰的Royal Dutch Shell公司启动了从木材中制取石油的研究，并命名为"Plato"项目。Plato是Providing Lasting Advanced Timber Option的简称，意指最先进的木材制备工艺。Royal Dutch Shell公司的研究人员Ruyter认为，通过此工艺可显著提升木材的耐腐性，并于1989年首次发表学术论文进行了阐述。"Plato"项目结束时，Ruyter取得了Plato处理工艺专利（Ruyter，1989；Ruyter and Arnoldy，1994）。1994年，该公司在瓦格宁根（Wageningen）兴建了第一个实验工厂；2000年，在阿纳姆的Kleefse Waard工业区建造了年生产能力为5万m³的Platowood木材热处理工厂。

2.1.2.1 介质

可以是蒸汽，也可以是空气。

2.1.2.2 工艺的处理阶段

第一阶段：水热处理阶段

处理材可以是生材，也可以是干燥材，温度为160～190℃，热水加压0.6～0.8MPa。此过程中，半纤维素中的乙酰基团裂解形成醋酸（Bourgois and Guyonnet，1988；Kollman and Fengel，1965；Dietrich et al.，1978），碳水化合物酸催化降解生成甲醛、糠醛类物质，木质素裂解生成一些新醛类物质。通过裂解，木质素生成带正电荷的苯甲基团开始在碳a位形成一些亚甲基桥并发生自聚反应；木质素脱去甲氧基，芳环位置上的活性点数量也逐渐增多。

第二阶段：干燥阶段

此阶段主要是为后续工艺做准备，将木材含水率降至10%。此外，借助于前面木质素芳环上形成的活性点及生成的醛，木质素继续发生缩合反应。这些反应虽然不剧烈，但是它们之间的相互交联提高了木材的尺寸稳定性，减少了木材的吸水性。

第三阶段：热处理阶段

温度为170～190℃。此过程中醛类物质和具有酚结构的物质继续相互反应，生成一种新的不溶于水的高聚物存在于细胞壁的周围（Militz and Tjeerdsma，2001）。

2.1.2.3 处理周期

处理时间为热解4～5h，干燥3～5d，固化14～16h，陈放2～3d（Boonstra et al.，1998）。以上参数根据树种和材料尺寸可以进行合理调整。工艺条件决定着处理材的耐久性。木材抗弯强度降低5%～18%不等，弦向缩胀率减少15%～40%。

2.1.2.4 树种

处理材主要是人工林木材，如云杉木、杨木、松木、白蜡木、橡木等。

2.1.2.5 处理材性能

Plato工艺处理后的木材尺寸稳定性显著提高，耐久性提高，颜色更加均匀，可加工性能好，无毒，可用于房屋建筑。

2.1.2.6 能耗

Plato工艺通过优化，可节能降耗12%（http://www.platowood.com）。

2.1.3 油热处理工艺

2.1.3.1 工艺流程

油热处理工艺流程如图2-2所示。该工艺是由德国Menz Holz公司研发（Vernois，2004）。整个处理过程由程序自动控制系统完成。在加工处理过程中油介质可以提供一个均匀的热量传导，并且很好地保证了木材与空气完全隔离，此外油中保存了大部分的过程热，可降低后续加工过程的能量需求量。

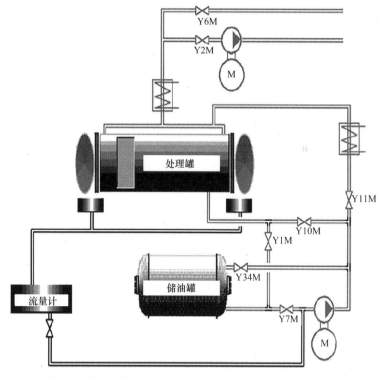

图2-2 德国油热处理工艺流程（Rapp and Michael，2001）

首先将木材装载于处理罐中，密封后，将热油导入处理罐中，使油充分包围木材，根据处理材的最终用途来设定油的温度（180～260℃）。到达处理温度时，保持2～4h，依据处理板材的厚度，升温时间和降温时间另外计算。处理完成后，将油回吸到储油罐中，降温，出料。

2.1.3.2 加热介质

一般来说，木材热处理过程发生在密闭的容器内，温度范围为180～260℃。大部分的天然油或树脂的沸点均高于这个温度范围，因此，可以用菜籽油、亚麻子油或葵花籽油、大豆油等植物油，还可以使用塔尔油（Rapp and Seiler，2001；Rapp and Michael，2001）作为热处理介质。这些油可以相互混合使用，但为了保证传热均匀，一般都是单独使用。根据每种油受热产生的稠度变化，工艺中应采用不同的处理温度，一般来说在220℃处理木材可以得到最好的耐久性能和油最小消耗量。

采用上述植物油为热源时，一般均单独使用，如两者混合使用，应考虑两个方面：一方面，两种植物油的热传导率应相同，且在整个热处理过程中处于相同的热环境条件下；另一方面，将木材与氧气完成隔离。从环境保护角度来看，使用天然植物油作为热介质对木材进行处理，可增强木材品质。

2.1.3.3 树种

在德国，油热处理工艺针对的树种主要是云杉（*Picea asperata*）、樟子松（*Pinus sylvestris* var. *mongolica*）等。一般来讲，大部分树种都可以采用油热处理工艺进行热改性处理，且不同树种需采用不同处理工艺参数。

2.1.3.4 处理材性能

同等处理条件下，处理材的性能因树种不同而存在差异；另外，不同树种处理材达到相同处理等级时，所采用的处理工艺参数也不尽相同。根据EN 335-1:2006，如要达到耐腐II级，需采用220℃处理云杉木材，而松木，采用200℃即可。

未处理的木材纤维饱和点一般为29%，在220℃处理4h，木材的纤维饱和点仅为14%。热油处理的木材硬度不变，然而当温度在220℃时，强度减少30%，尺寸稳定性提高40%（Rapp and Michael，2001）。

热油处理后的木材具有一定的油烟气味，低温处理木材颜色略呈浅褐色，高温处理木材颜色呈深褐色，处理后的木材表面光滑平整，无污渍。对于油漆性能而言，水溶性丙烯酸涂料在热油处理材的涂饰效果优于热空气高温热处理材。两年的风化时间中，水溶性丙烯酸油漆和醇酸性油漆均表现出较好的着漆性。两年后，涂在油热处理材表面上的油漆和清漆的结合性好于涂在空气热处理材表面上的。

2.1.4 Retification 工艺

Retification工艺是由Ecole des Mines de Saint-Etienne研发出来的（Bourgois et al.，1991；Dirol and Guyonnet，1993；Troya and Navarrete，1994；Neya et al.，1995；Kamden et al.，1999，2002），并取得了相关专利（Guyonnet，1999；Guillin，2000）。New Option Wood（NOW）协会提出了操作规范，并获得了专利。整个处理过程是在一个充满氮气、氧气含量低于2%的密封容器内进行，处理材的初始含水率为12%左右，处理设备是由Company Four et Brûleurs REY公司制造。一个生产能力为8m³的处理罐，年生产能力可达到3500m³。Retification工艺采用电作为能源。

该工艺分4个阶段，全过程以氮气作为保护介质，且要保持处理罐内的氧气含量不得高于2%。

第一阶段：干燥阶段

处理罐中的升温速度为4~5℃/min，升到80~100℃后，根据处理材的尺寸规格，保持一定的时间，使木材中心部位也达到该温度。

第二阶段：玻璃化阶段

继续以4~5℃/min的升温速度升温至170~180℃，即玻璃化温度，并保持该温度几个小时（和树种有关），使得木材中心部位也达到该温度。在此温度下，木材组分从弹性区向塑性区移动。

第三阶段：热处理阶段或热固化阶段

当处理材温度达到玻璃化温度时，固化阶段就已经开始。此时，继续升高处理罐中的温度，以达到热处理温度200~260℃，根据树种不同，保持20min至3h不等。

第四阶段：冷却阶段

热处理结束后，开始降低处理罐内的温度，降温时间一般为4~6h，处理材的含水率控制在3%~6%。

处理后的木材可以得到很好的耐久性，但木材的机械强度会降低。此工艺中，温度的微小变化会对木材的最终材性产生非常重要的影响，因此需要非常精确地控制温度。比如说在210℃处理木材，木材的机械强度基本上不会降低，但耐久性也不会有太大的增加；在230~240℃处理木材，可以得到更高的耐久性，但木材的静曲强度会降低40%左右，材质变脆。

2.1.5　Le Bois Perdure 工艺

此工艺采用的处理设备是由BCI-MBS公司制造。与Retification工艺不同的是，该工艺可以从湿材开始。第一阶段对木材进行干燥处理，将其含水率降低至预期含水率；第二阶段对木材进行高温热处理，将温度升高到230℃，水蒸气作为保护介质，水蒸气来源于木材中的水分（Michel，2001）。

通常要考虑木材尺寸稳定性的提高率与木材力学强度损失率之间的平衡。当处理温度在230～240℃时，虽然可以获得更高的尺寸稳定性，但力学强度会损失40%左右，且木材材质会变得更脆。

该工艺全程以饱和水蒸气作为保护介质。

Le Bois Perdure工艺采用燃气作为能源，值得一提的是，采用燃气作为热源，可以将挥发性有机化合物重新导入燃烧室进行燃烧，使得空气污染达到最小值，改善全球能源消耗，最大限度地实现了清洁生产。相比而言，Retification工艺的产出要比Le Bois Perdure工艺的产出高。经过上述工艺处理后，处理材会有一种特有的木材味道，并且处理温度越高，味道越浓。一般来说，几天之后这些味道就会变得越来越淡，但一般也会持续几个月。

力学强度指标是热处理工艺必须要考虑的一个重要指标，该指标与树种、处理工艺、最终处理温度等有关。当温度达到230℃左右，处理材的材质会变脆，抗弯强度一般会降低30%～40%。

热处理后木材表面张力会发生极大的改变。适用于未处理材的传统涂饰工艺将不再适合用来处理热处理材。在涂饰前需要首先对处理材进行表面改性。另外，对于含有树脂的木材来讲，热处理过程中迁移至木材表面的树脂或其他渗出物也会对表面涂饰产生一定的影响。热处理材在阳光或紫外光的照射下，数周后，其材色会变为灰色。一般来说，与未处理材的颜色对比，灰色会显得更为均匀。

高温热处理可显著降低木材的吸湿性，热处理材的含水率为4%～5%，而未处理材的含水率一般在10%～12%。对于生物耐久性而言，低含水率非常关键，因为大部分的霉菌均需要在潮湿的环境下才能生存（Michel，2001）。

2.2　木材热处理设备

2.2.1　罐式热处理设备

2.2.1.1　原理结构、传感器放置位置、加热方式

罐式热处理设备（图2-3，图2-4）一般采用碳钢-不锈钢复合密封罐体结构，具备一定的承压能力，装置有加热系统、循环系统、喷蒸系统、排气系统、过压保护系统和检测控制系统等。

图2-3　罐式热处理设备1（彩图请扫封底二维码）

图2-4　罐式热处理设备2（彩图请扫封底二维码）

传感器一般设置在介质循环通道上，可装置在罐壁上下或左右、前门、中间部位、末端等位置，便于实时在线监测罐内介质状态。

木材通过装载小车装入罐式设备内，罐内介质通过侧向风机循环流经加热器，被加热的介质再流过木材表面将木材加热到工艺要求温度，以实现木材热处理的目的。在此过程中，喷蒸系统根据工艺要求向罐内喷入蒸汽，保护木材在高温热处理过程中隔绝氧气；过压保护系统根据设定的压力保证热处理过程中设备的内部压力，安全生产。

热源一般采用导热油或电加热。采用锅炉作为热源时，按燃料种类可以分为燃柴锅炉、燃煤锅炉、燃生物质锅炉、燃天然气锅炉、燃油锅炉及电加热锅炉。

2.2.1.2 操作工艺

罐式设备的热处理工艺一般分为4个阶段：二次干燥阶段、快速升温热处理阶段、降温调湿处理阶段、冷却出罐阶段。

第一阶段：二次干燥阶段

此阶段将初始含水率为12%左右的木材放置在处理罐内，对其进行干燥，将其含水率降低至3%~4%。含水率约12%的木材进入处理罐后，先可进行常规过渡干燥，即干球温度从65~75℃开始，然后分阶段升温至约125℃，干湿球温差逐步扩大到25℃。待木材含水率降低至3%~4%，二次干燥阶段结束。

第二阶段：快速升温热处理阶段

当木材含水率降低至3%~4%时，进入快速升温热处理阶段，即在较短时间内，升温至高温热处理温度（一般为180~220℃），然后保持温度不变（2.5~3.5h，也可根据实际情况调整），对木材进行高温热处理。此阶段木材中的半纤维素和纤维素的部分无定形区降解，羟基数量大幅减少。木材中的树脂、萜类化合物、单宁、酸类化合物等抽提物大量挥发出来。此阶段处理罐内应充满保护介质（一般为水蒸气），且氧气含量应低于2%。

第三阶段：降温调湿处理阶段

热处理后，木材的含水率几乎为零，接近或处于绝干状态，且木材自身温度较高（180~220℃），因此，很难对接进行调湿处理，必须先对木材降温。此时，停止加热，开始降温操作，同时可向罐内喷射雾化水，以加速降温且可使木材适当增湿。待罐内介质温度降至115℃左右时，开始进行调湿处理。向罐内喷射饱和水蒸气的同时，再喷射雾化水，以提高罐内介质的相对湿度和木材的含水率并消除残余应力。当木材含水率升至4%~5%时，调湿处理结束。

第四阶段：冷却出罐阶段

调湿处理结束后，木材的自身温度仍旧很高（为112~116℃），若此时出罐，由于内外温差大，木材极易发生开裂。因此，应等罐内外温差降至30℃以内时再出罐。

2.2.1.3　控制系统

罐式设备采用全自动控制系统，触摸屏操作模式，可实时监测预设参数与实测数据，智能控制加热阀门（或电力调整器）、喷蒸阀门、排气阀门等执行器件动作，精准控制整个热处理过程。

2.2.1.4　造价成本

罐式热处理设备通常分为常压罐式和带压罐式热处理设备两种类型。其中，常压热处理设备造价成本在25万～45万元，带压罐式热处理设备造价成本在35万～55万元。

2.2.1.5　维修成本

罐式热处理设备的维护主要是传动部件高温润滑油脂及密封件的定期更换，每半年更换一次，费用为3000～5000元。

2.2.1.6　生产举例

河北某木材加工企业，2008年采购了一套15m³罐式带压热处理设备（图2-5），主要用于高温热处理板材生产加工。其主体采用锅炉钢-不锈钢复合材料，单套设备装材容积15m³，采用一台40万Cal[①]燃煤导热油锅炉供热。

图2-5　罐式带压热处理设备（彩图请扫封底二维码）

① 1Cal = 1kcal = 4186.8J，下同。

其生产工艺为：先将含水率12%的板材二次干燥至4%左右，然后罐内通入水蒸气升压至0.3MPa并升温到200℃，保持3h左右，结束之后逐步卸压并降温至115℃进行调湿处理，将板材水分回调至6%左右，冷却出窑。

控制系统采用半自动控制方式。设备日常维护主要是两个月一次传动部件润滑，半年更换一次密封件和传动皮带，一次补充高温润滑油脂费用约700元，更换一次密封件及传动皮带费用约800元。

2.2.2　窑式热处理设备

2.2.2.1　原理结构、传感器放置位置、加热方式

窑式热处理设备（图2-6，图2-7）一般采用全铝合金或不锈钢焊接结构，设置有加热系统、循环系统、喷蒸系统、排湿系统、安全系统、检测控制系统等装置。传感器一端均匀布置在处理材料中，另一端与控制系统相连，可以从控制系统监测处理材料的温度和含水率。

热处理设备加热热源一般采用锅炉、导热油或电加热。窑内介质通过顶风机（或端风机）循环流经加热器，被加热的介质接触木材表面将木材加热到工艺要求温度，以实现木材热处理的目的。整个处理过程中，喷蒸系统根据工艺要求不断地向窑内喷入饱和蒸汽，以保护木材在高温热处理过程中隔绝氧气，避免木材燃烧。

图2-6　窑式热处理设备1（彩图请扫封底二维码）

图2-7　窑式热处理设备2（彩图请扫封底二维码）

2.2.2.2　操作工艺

窑式设备的热处理工艺分为4个阶段：二次干燥阶段、快速升温热处理阶段、降温调湿处理阶段、降温出窑阶段。

第一阶段：二次干燥阶段

此阶段将木材的含水率从12%降低至3%～4%。这一阶段在处理窑内完成，可采用常规干燥方法。含水率约12%的木材进干燥窑后，可先进行常规过渡干燥，即干球温度从65～75℃开始，然后分阶段升温至约125℃，干湿球温差逐步扩大到25℃。待木材含水率降至3%～4%，二次干燥阶段结束。

第二阶段：快速升温热处理阶段

当木材含水率降低至3%～4%时，进入快速升温热处理阶段，即在较短时间内，升温至高温热处理温度（一般为180～220℃）。然后保持温度不变（2.5～3.5h，也可根据实际情况调整），对木材进行高温热处理。此阶段木材中的半纤维素和纤维素的部分无定形区降解，羟基数量大幅减少。木材中的树脂、萜类化合物、单宁、酸类化合物等抽提物大量挥发出来。此阶段处理窑内应充满保护介质（一般为水蒸气），且氧气含量应低于2%。

第三阶段：降温调湿处理阶段

热处理后，木材的含水率几乎为零，接近或处于绝干状态，且木材自身温度较高（180～220℃），因此，很难直接进行调湿处理，必须先对木材降温。此时，停止加热，开始降温操作，同时可向窑内喷射雾化水，以加速降温且可使木材适当增湿。待窑内介质温度降至115℃左右时，开始进行调湿处理。向窑内喷射饱和水蒸气的同时，再喷射雾化水，以提高窑内介质的相对湿度和木材的含水率并消除残余应力。当木材含水率升至4%～5%时，调湿处理结束。

第四阶段：降温出窑阶段

调湿处理结束后，木材的自身温度仍旧很高（为112～116℃），若此时出窑，由于内外温差大，木材极易发生开裂。因此，应等窑内外温差降至30℃以内时再出窑。

2.2.2.3　控制系统

窑式热处理设备采用全自动控制系统，触屏式操作，根据预设工艺参数与实测数值，实时智能控制加热阀门（或电力调整器）、喷蒸阀门、排气阀门等执行器件工作，实现热处理过程中的精确控制。

2.2.2.4　造价成本

窑式热处理设备一般分为全铝合金设备和全不锈钢设备两种。其中，窑式全铝合金热处理设备造价成本为20万～40万元，窑式全不锈钢热处理设备造价成本为30万～60万元。

2.2.2.5　维修成本

窑式热处理设备的主要维护为传动部件高温润滑油脂及密封件，每半年更换一次，费用约为2000元。

2.2.2.6　生产举例

举例1：热处理地板坯料

浙江某一地板企业，分别于2006年、2007年、2010年、2015年采购了4套窑式热处理设备（图2-8），用于实木地采暖地板坯料的热处理生产加工。4套窑式热处理设备的结构均为全铝合金整体焊接内墙结构，风机置顶，控制系统采用半自动控制方式（图2-9）。单套设备装材容积1500m^{2}地板坯料，采用两台120万Cal燃木废料和煤混烧导热油锅炉供热。

图2-8 窑式热处理设备（彩图请扫封底二维码）

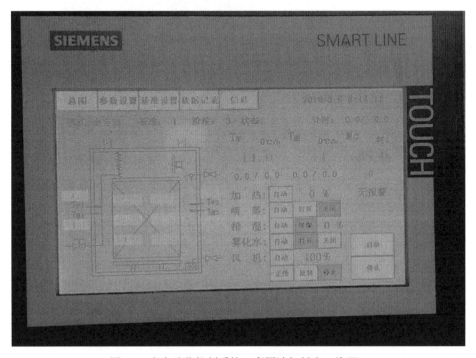

图2-9 半自动化控制系统（彩图请扫封底二维码）

工艺流程：首先对含水率为12%的地板坯料进行二次干燥，使含水率降低至3%左右；然后快速升温到180℃/190℃，保持3h；然后降温至116℃进行调湿处理，将地板坯料水分调至6%左右后，冷却出窑。

举例2：热处理橡胶木

橡胶木是人工林阔叶材中性价比较高的材种，高温热处理可显著改善橡胶木的性能。高温热处理后，木材材色均匀，尺寸稳定性可提高30%～50%，热处理橡胶木可制作各种木制品及家具，如图2-10～图2-14所示。

工艺流程：含水率为10%～20%的橡胶木窑干材，干球温度从60℃开始，逐步升温到130℃，待木材含水率降低至3%～4%时，完成二次干燥。然后快速升温至175～215℃，保持1～5h，对木材进行高温热处理。之后，停止加热，窑内喷雾化水，使木材温度降低至110℃左右，持续喷入蒸汽和雾化水，待木材含水率调至4%～6%时，停止调湿处理。待窑内木材温度降低至50℃左右时，出窑，养生至含水率6%～8%，打包入库。

图2-10　中国热带农业科学院橡胶研究所橡胶木材综合利用工程技术研究中心热处理橡胶木中试生产（彩图请扫封底二维码）

图2-11　不同温度热处理橡胶木颜色变化（彩图请扫封底二维码）

图2-12 热处理橡胶木博古架（彩图请扫封底二维码）

图2-13 热处理橡胶木集成材（地板）（彩图请扫封底二维码）

图2-14 热处理橡胶木实木地板（彩图请扫封底二维码）

2.3　高温热处理材所耗能源与环境分析

木材高温热处理是一种环境友好型的物理改性方法，整个处理过程中不添加任何化学药剂，仅靠热量促使木材的生物结构、化学组分和基本性能发生改变，进而制备出一种高尺寸稳定性、强耐久性、均匀色泽度的绿色建材产品，该产品无毒、环境友好，可广泛应用于室内外家具、建筑等领域。

以容积为35m³的窑式热处理设备为例，设备配套80万Cal导热油供热燃煤锅炉，热处理设备装机功率27.5kW，导热油循环泵功率37kW，锅炉鼓风机引风机功率约18.5kW。按热处理一个周期的工作时间40h计算，约消耗煤8t（每吨700元），用水5t（每吨3元），耗电约3000度（每度1元），热处理1m³木材成本约246元。

高温热处理材在初期会有一股烤木材的烟熏味道，这是由于木材在高温热处理过程中会产生一些降解产物，这些产物一般会带有浓重的气味，如一些有机酸、酚类、糠醛类等（Manninen et al.，2002; McDonald et al.，2002）。但随着时间的推移，一般几个月后即会消失。

热处理材在燃烧时产生的热量比未处理材少30%。这是由于在热处理过程中，木材中大量的抽提物已挥发出去，导致热处理材在燃烧时，不仅比未处理材燃烧时的火焰小，而且产烟量也少（李坚等，2011）。

木材在高温热处理过程中有机挥发物排放水平高于常规干燥处理。在挥发物处理这一环节，ThermoWood热处理系统采用燃烧净化装置，Plato系统采用喷淋净化装置。我国自主研发的热处理设备在这一环节仍需继续深入研究，当前常用的方法是喷淋回收，但效果还有待进一步提高。

主要参考文献

李坚, 吴玉章, 马岩, 等. 2011. 功能性木材. 北京: 科学出版社: 82-83.

Boonstra M, Tjeerdsma B F, Groeneveld H A C. 1998. Thermal modification of non-durable wood species. 1. The Plato technology: thermal modification of wood. The International Research Group on Wood Preservation, Maastricht, The Netherlands, June, 14-19, IRC Secreteriat KTH. Stockhom, 4: 3-13.

Bourgois J, Guyonnet R. 1988. Characterization and analysis of torrefied wood. Wood Science and Technology, 22: 143-155.

Bourgois J, Janin G, Guyonnet R. 1991. The color measurement: a fast method to study and to optimize the chemical transformations undergone in the thermically treated wood. Holzforschung, 45: 377-382.

Dietrich H H, Sinner M, Puls J. 1978. Potential of steaming hardwoods and straw for feed and food production. Holzforschung, 32: 193-199.

Dirol D, Guyonnet R. 1993. The improvement of wood durability by retification process. IRG WP: International Research Group on Wood Preservation 24. Orlando, Florica, USA, 4: 1-11.

Finnish ThermoWood Association. 2010. ThermoWood® Quality Planing Handbook.

Guillin D. 2000. Reactor for wood retification. Patent: WO004328A1. Fours et Bruleurs Rey.

Guyonnet R. 1999. Method for treating wood at the glass transition temperature thereof. Patent: US5992043.

Homan W J, Jorissen A J M. 2004. Wood modification developments. Heron, 49(4): 361-386.

International ThermoWood Association. 2003. ThermoWood handbook. www.thermowood.fi [2020-01-15].

Kamden D P, Pizzi A, Guyonnet R, et al. 1999. Durability of heat-treated wood. IRG WP: International Research Group on Wood Preservation 30, Rosenheim, Germany, June 6-11: 1-5.

Kamden D P, Pizzi A, Jermannaud A. 2002. Durability of heat-treated wood. Holz als Roh- und Werkstoff, 60(1): 1-6.

Kollman F, Fengel D. 1965. Changes in the chemical composition of wood by thermal treatment. Holz als Roh- und Werkstof, 23: 461-468.

Manninen A M, Pasanen P, Holopainen J K. 2002. Comparing the VOC emissions between air-dried and heat-treated Scots Pine wood. Atmomspheric Environment. Elsevier Science Ltd., 36: 1763-1768.

McDonald A G, Dare P H, Giford J S, et al. 2002. Assessments of air emissions from industrial kiln drying of *Pinus radiata* wood. Holz als Roh- und Werkstoff, 60: 181-190.

Michel V. 2001. Heat treatment of wood in France-state of the art. European Commission Research Directorate Political Co-Ordination and Strategy COST.

Militz H, Tjeerdsma B. 2001. Heat treatment of wood by the Plato-process. Review on heat treatment of wood. Proceedings of Special Seminar of seminar of COST action E22, Antibes, France.

Neya B, Déon G, Loubinoux B. 1995. Conséquences de la torréfaction sur la Durabilité du Bois de Hêtre. Bois et Forêts des Tropiques, 244: 67-72.

Rapp A O, Michael S. 2001. Oil heat treatment of wood in Germany - state of the art. Review on heat treatment of wood. Proceedings of Special Seminar of seminar of COST Action E22, Antibes, France.

Rapp A O, Seiler M. 2001. Oil-heat-treatment of wood-process and properties. Drvna Industrija, 52: 63-70.

Ruyter H P. 1989. European patent Appl. No.89-203170.9.

Ruyter H P, Arnoldy P. 1994. Process for upgrading low-quality wood. Patent: EP0623433. Shell Int, Research.

Troya M T, Navarrete A. 1994. Study of the degradation of retified wood through ultrasonic and gravimetric techniques. IRG WP: International Research Group on Wood Preservation 25. Nusa Dua Bali, Indonesis: 1-6.

Vernois M. 2004. Une première unité industrielle de traiement loéothermique. CTBA Info, 104: 25-27.

3 高温热处理材的性能

高温热处理能够引起木材内部复杂的化学反应，使木材细胞壁物质（纤维素、半纤维素和木质素）发生热分解和分子结构重组（Aydemir，2007；江京辉和吕建雄，2012）。Esteves和Pereira（2008）通过整理文献发现，不同热处理工艺对不同树种的木材进行热处理时，木材的质量损失在5.7%到15.2%之间，表明热处理过程导致木材质量损失的范围较广，热处理对木材的性能具有重要的影响，有必要进行深入研究。Okon等（2017）使用硅油在210℃对梧桐木热处理8h后发现，纤维素含量与未处理时相比降低了3.9%，半纤维素含量降低了15.5%。因此，木材热处理会影响木材的化学成分含量和分布及包括空隙分布在内的木材微观结构，进而影响木材性能。本章主要介绍木材经高温热处理后主要化学成分及物理和力学性能的变化。

3.1 化 学 成 分

木材的化学成分和结构直接决定了木材的性质，是影响木材材性及加工的重要因素之一。木材的化学成分如图3-1所示。

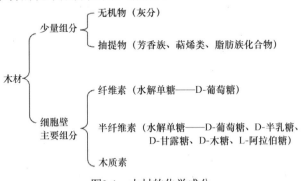

图3-1　木材的化学成分

木材的主要化学成分是构成木材细胞壁和胞间层的主要物质，由纤维素、半纤维素和木质素3种高分子化合物组成，通常占木材总含量的90%以上。其中纤维素是不溶于水的均一聚糖，有较高的结晶度，在木材细胞壁中起骨架作用；半纤维素是由两种或两种以上单糖组成的非均一聚糖，称为细胞壁的填充物质；木质素是一种天然的高分子聚合物，一般认为是无定形物质，称为结壳物质。

纤维素、半纤维素、木质素的热稳定性不同。半纤维素热稳定性最差，在高温（一般150℃以上）作用下容易发生分解，是热处理过程中木材首先发生降解的物质。其次是纤维素。木质素的降解峰值温度在300℃以上，对热处理材理化性能影响较小。

3.1.1　纤维素

纤维素是由许多β-D-吡喃式葡萄糖通过（1→4）苷键连接形成的线型高聚物。纤维素大分子链之间是由于有分子间力（范德华力）和氢键二者的存在而连接的。每个葡萄糖基的2、3、6位碳原子上均存在3个强极化的羟基。当两个大分子链的羟基靠得很近时（0.28～0.5nm），相互之间便产生了引力，即范德华力；另外羟基上的氧原子是负电性很强的原子，它与对应的羟基中的氢原子在距离小于0.275nm时，大分子极化原子团之间将因氢键而结合（李坚，2002；刘一星和赵广杰，2004）。

纤维素热稳定性较高，当热处理温度高于230℃时，纤维素开始降解，分子链断裂，结晶结构发生破坏，聚合度下降。图3-2为热处理过程中纤维素热降解的可能路径（Fengel and Wegener，1989）。在热作用下，纤维素降解程度与加热温度、时间及加热介质有关。

曹永建（2008）依据《造纸原料综纤维素含量的测定》（GB/T 2677.10—1995）、《纸浆α-纤维素的测定》（GB/T 744—1989）研究了杉木心材、杉木边材和毛白杨木材分别经历170℃、185℃、200℃、215℃、230℃高温热处理1～5h后的综纤维素、α-纤维素含量的变化。得出：在热处理过程中，随着热处理温度的升高和时间的延长，木材综纤维素和α-纤维素的含量呈逐渐下降的趋势（图3-3，图3-4），并且指出热处理温度对纤维素含量的影响大于热处理时间对其的影响。另外，不同树种间，各成分的热降解及剧烈降解温度均有差别。除了温度和时间，加热介质和氧含量也是影响纤维素降解程度的重要因素（李坚，2002）。

漆楚生（2019）将杉木中的主要化学成分进行化学分离，利用重量变化（TG）法对纤维素热稳定性进行了研究，结合重量变化微分（DTG），纤维素重量损失为5%时，在升温速率分别为1℃/min、5℃/min、10℃/min、15℃/min、20℃/min的情况下，对应的温度分别为212.5℃、230.9℃、240.3℃、249.2℃和251.9℃，DTG曲线为TG曲线的导数，反映重量变化的快慢。在DTG曲线中上述升温速率对应的热分解峰值温度分别为293.8℃、320.4℃、332.4℃、340.3℃和346.0℃（图3-5）。在20℃/min的升温速率下，TG曲线显示纤维素热分解5%对应的温度在250℃以上、DTG曲线显示热分解峰值温度达到346.0℃，表明纤维素具有非常好的热稳定性。

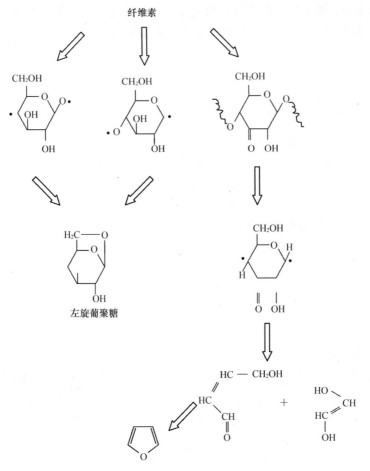

图3-2　热处理过程中纤维素热降解的可能路径

（引自Fengel and Wegener，1989）

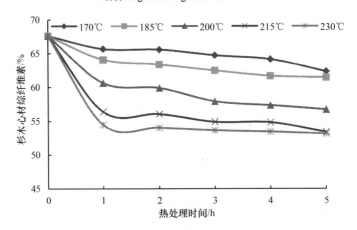

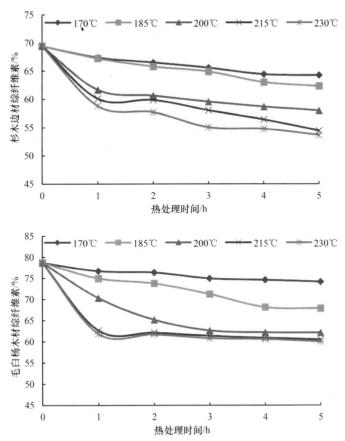

图3-3 不同温度热处理下杉木心材、杉木边材、毛白杨木材综纤维素的含量变化
（曹永建，2008）

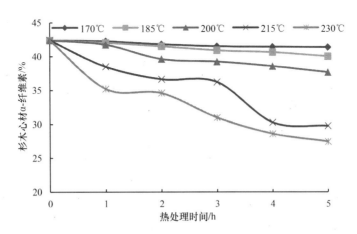

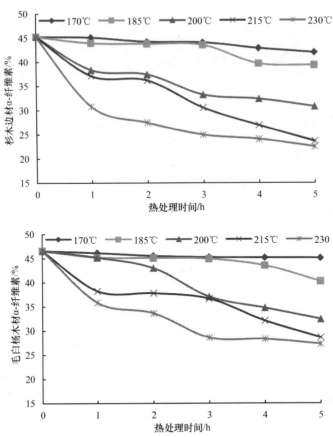

图3-4　不同温度热处理下杉木心材、杉木边材、毛白杨木材α-纤维素的含量变化
（曹永建，2008）

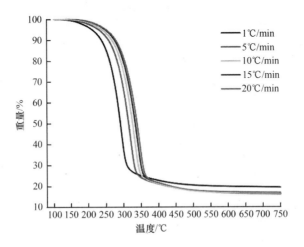

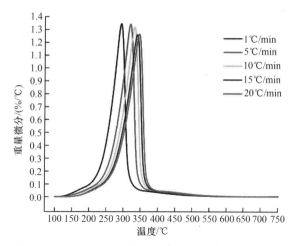

图3-5 不同升温速率下杉木纤维素的TG和DTG曲线（漆楚生，2019）

（彩图请扫封底二维码）

3.1.2 半纤维素

半纤维素是一种复合聚糖，组成半纤维素的糖基主要有D-葡萄糖基、D-木糖基、D-甘露糖基、D-半乳糖基、L-阿拉伯糖基、4-O-甲基-D-葡萄糖醛酸基、D-半乳糖醛酸基、D-葡萄糖醛酸基，以及少量的L-鼠李糖基、L-岩藻糖基和乙酰基等。半纤维素一般由两种或两种以上糖基组成，大多带有短支链的线状结构。多以（1→4）β或（1→6）α苷键连接。半纤维素是木材细胞壁中的无定形物质，支链多，热稳定性最差，在高温（一般150℃以上）作用下容易发生分解，是热处理过程中木材首先发生降解的物质。半纤维素发生剧烈降解的温度范围为225～325℃。图3-6为热处理过程中半纤维素热降解的可能路径（Fengel and Wegener，1989）。

热处理时木材细胞壁中的半纤维素首先发生热降解反应和脱乙酰基反应，生成甲醇、乙酸和其他挥发性芳香物质（如呋喃、γ-戊内脂等），随着温度的升高和处理时间的延长，半纤维素的热降解反应变得越来越剧烈（Ranta-Maunus et al.，1995；曹永建，2008），进一步降解生成阿拉伯糖、半乳糖、木糖和甘露糖等。

曹永建（2008）对杉木心材、杉木边材及毛白杨木材分别经170～230℃和1～5h高温热处理后半纤维素含量的变化进行了分析。当热处理温度低于200℃时，随着热处理时间的延长，半纤维素含量表现为下降的趋势。

漆楚生（2019）利用TG和DTG曲线对杉木半纤维素热稳定性进行了研究（图3-7）。升温速率越高，TG和DTG曲线越向右移动。在杉木半纤维素DTG曲线中出现2个峰值，第一个峰值主要由小分子量半纤维素及半纤维素主链中的

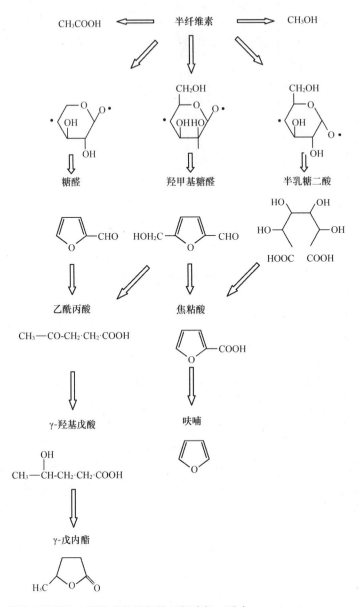

图3-6　热处理过程中半纤维素热降解的可能路径（引自Fengel and Wegener，1989）

糖醛酸和阿拉伯糖支链热分解引起；第二个波峰高于第一个波峰，由半纤维素主链热分解引起。在TG曲线中，半纤维素质量损失为5%时，在升温速率分别为1℃/min、5℃/min、10℃/min、15℃/min、20℃/min的情况下，对应的热分解温度分别为184.7℃、201.4℃、211.5℃、213.0℃、216.1℃，在DTG曲线中上述升温速率对应的热分解峰值温度分别为229.1℃、246.1℃、260.0℃、261.1℃和

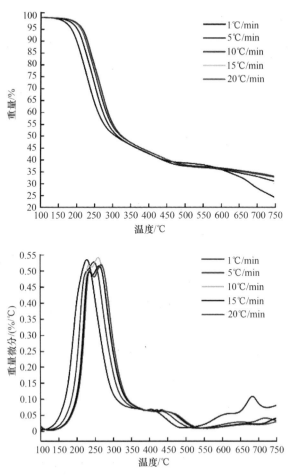

图3-7　不同升温速率下杉木半纤维素的TG和DTG曲线（漆楚生，2019）

（彩图请扫封底二维码）

267.4℃。纤维素的热分解峰值温度较高，热分解缓慢，因而半纤维素热稳定性与纤维素相比较差。

3.1.3　木质素

　　木质素主要存在于木质化植物的细胞壁中，其基本结构单元是苯丙烷，共有3种基本结构单元，分别是愈创木基结构单元、紫丁香基结构单元和对羟苯基结构单元（图3-8）。针叶树木质素以愈创木基结构单元为主，紫丁香基结构单元和对羟苯基结构单元极少。阔叶树木质素以愈创木基结构单元和紫丁香基结构单元为主，含有少量的对羟苯基结构单元。各结构单元之间由醚键（—C—O—C）和碳碳键（—C—C—）连接，醚键连接占2/3～3/4，碳碳键连接占1/4～1/3。

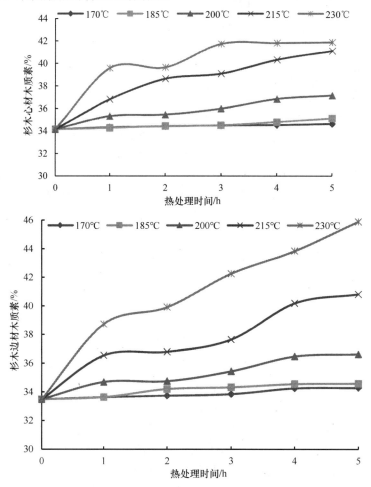

愈创木基丙烷 紫丁香基丙烷 对羟苯基丙烷

图3-8　木质素3种基本结构单元

木质素是热处理过程中最不易发生降解的物质，具有非常好的热稳定性。曹永建（2008）研究了杉木心材、杉木边材和毛白杨木材分别经170℃、185℃、200℃、215℃、230℃和1～5h高温热处理后木质素含量的变化（图3-9），高温热处理后，木质素相对含量逐渐增加。

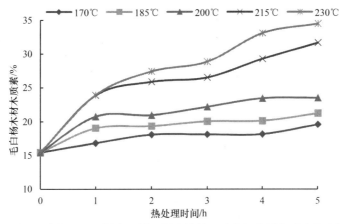

图3-9 不同温度热处理下杉木心材、杉木边材、毛白杨木材木质素的含量变化
（曹永建，2008）

　　木质素在310～420℃热分解反应最为剧烈（Shafizadeh and Chin，1977）。当温度达到木质素的降解温度之后，苯丙烷结构单元之间的部分连接键断裂，紫丁香基结构单元之间的醚键相比愈创木基结构单元之间的醚键更易断裂，甲氧基含量减少。木质素的热分解对木材颜色具有非常重要的影响（International ThermoWood Association，2003）。

3.1.4　抽提物

　　木材中除了含有数量较多的纤维素、半纤维素和木质素等主要成分外，还含有多种少量成分，比较重要的是抽提物。木材抽提物包含许多种物质，主要有单宁、树脂、树胶、精油、色素等，含量一般占绝干木材的2%～5%。在这些抽提物中主要有三类化合物，包括脂肪族化合物、萜和萜类化合物、酚类化合物（刘一星和赵广杰，2004）。不同的树种中抽提物的含量差异较大。在高温热处理过程中，这些内含物在热的催化作用下溢出表面，有些转变为挥发性成分而散失，有些高分子化合物降解产生新的抽提物。抽提物的热反应是引起高温热处理材密度降低的原因之一，也对高温热处理材颜色具有显著影响。

3.2　物理性能

　　随着木材高温热处理过程中化学成分的改变，在宏观上表现为木材密度、尺寸稳定性、颜色、耐久性、耐候性等物理性能的变化。目前国内一些企业已经有比较成熟的热处理材生产技术，利用高温热处理后木材的性能特点，其产品可应用于地热地板、户外家具、木栈道等领域，应用前景非常广阔。

3.2.1　密度

高温热处理会引起木材主要成分降解，使木材密度下降。木材密度与热处理强度（一般用失重率表示）密切相关，热处理强度越大，密度损失越大。

图3-10为杉木心材、杉木边材和毛白杨木材分别经170℃、185℃、200℃、215℃、230℃和1～5h高温热处理后全干密度的变化（曹永建，2008）。热处理后木材密度的变化主要是由木材成分的变化引起的（Aydemir，2007；Kaygin et al.，2009）。在高温热处理条件下，木材细胞壁成分发生降解。其中，细胞壁化学反应的类型和程度取决于热处理的温度和时间。较低温度下，木材中的自由水蒸发主要是木材的干燥过程；当温度升至120℃左右时，最不稳定的半纤维素首先降解产生乙酸，乙酸作为催化剂进一步促进高分子化合物的降解，引起木材失重率增加，此阶段木材密度的变化主要与半纤维素的降解有关（International

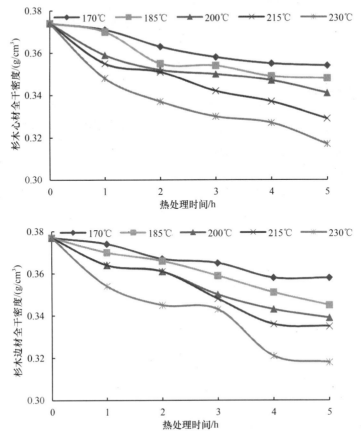

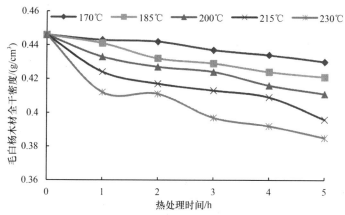

图3-10　不同温度热处理下杉木心材、杉木边材、毛白杨木材全干密度的变化
（曹永建，2008）

ThermoWood Association，2003）；当热处理温度高于230℃时，纤维素分子链断裂，结晶结构发生破坏，聚合度也明显下降，木材密度变化受到纤维素降解反应的影响。另外，在高温热处理过程中，木材抽提物在热的催化作用下溢出表面，有些转变为挥发性成分而散失，也会导致木材密度降低。

3.2.2　尺寸稳定性

热处理材的尺寸稳定性受多种因素的影响，如树种、传热介质（热处理方式）、热处理温度、热处理时间和热处理窑内压力等。高温热处理时木材三大素（半纤维素、纤维素和木质素）发生降解，改善了木材的吸湿性能，提高了木材的尺寸稳定性，这是热处理技术的最大优点。表征木材尺寸稳定性的主要参数包括平衡含水率、干缩性、湿胀性等。

3.2.2.1　平衡含水率

平衡含水率是衡量热处理材的一项重要指标，与木材的尺寸稳定性密切相关。木材经高温热处理后，平衡含水率降低，吸湿性下降，尺寸稳定性提高。

图3-11为马尾松分别经历170℃、185℃、200℃、215℃、230℃高温处理2~8h后平衡含水率的变化（郭飞，2015）。热处理温度越高，时间越长，平衡含水率下降越快。170℃处理2h后，平衡含水率下降17.7%；230℃处理4h后，平衡含水率下降了48.3%，而230℃处理8h后，平衡含水率下降了58.2%。

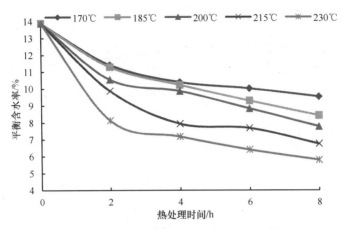

图3-11　不同温度热处理后马尾松木材平衡含水率的变化（郭飞，2015）

　　另外，在过热水蒸气热处理中，窑内压力对木材平衡含水率有重要影响。窑内压力主要包括加压、常压和负压3种方式。一般来说，在热处理窑内加压下的热处理材比常压下的热处理材其尺寸更加稳定，这是因为加压过热蒸汽处理时介质相对湿度高，会加剧木材中半纤维素的降解，使半纤维素中的游离羟基数量减少更多，从而使木材吸湿性降低更明显（涂登云等，2010；Ding et al.，2011）。另外，热处理窑内压力处于负压状态时，热处理材尺寸稳定性也大于常压下过热水蒸气热处理材的尺寸稳定性，这是因为在真空条件下加热，半纤维素中多糖醛酸苷等更易发生化学变化产生吸湿性弱的聚合物。因此，在热处理过程中，可以通过加压或负压的方式进一步增加热处理材尺寸稳定性，但常压热处理设备投资可能要小，更安全，也更便于维护。

3.2.2.2　干缩性

　　木材的干缩湿胀主要是由纤维素和半纤维素的游离羟基引起的，这些吸湿性基团的存在使木材具有干缩湿胀的特性。高温热处理可以使木材的半纤维素和纤维素无定形区降解，减少木材的游离羟基，使木材干缩率下降，从而提高木材的尺寸稳定性。

　　曹永建（2008）研究了杉木心材、杉木边材和毛白杨木材分别经170℃、185℃、200℃、215℃、230℃和1～5h热处理后气干体积干缩率和全干体积干缩率的变化（图3-12～图3-14），经高温热处理后，二者均有不同程度的降低。与未处理材相比，杉木心材热处理后的气干体积干缩率减小了0.96%～58.39%，全干体积干缩率减小了5.91%～61.39%；杉木边材热处理后的气干体积干缩率减小了1.19%～61.43%，全干体积干缩率减小了0.79%～60.52%；毛白杨木材热处理后的气干体积干缩率减小了0.84%～67.21%，全干体积干缩率减小了1.01%～55.43%。

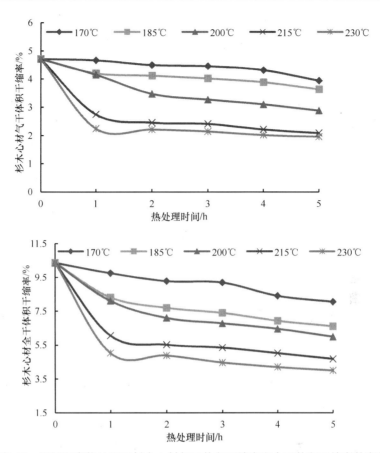

图3-12 不同温度热处理下杉木心材气干体积干缩率和全干体积干缩率的变化
（曹永建，2008）

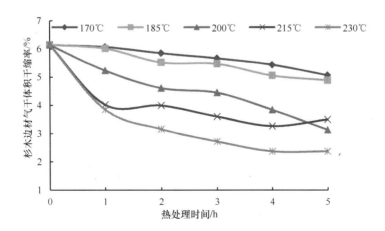

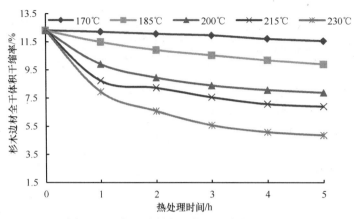

图3-13　不同温度热处理下杉木边材气干体积干缩率和全干体积干缩率的变化
（曹永建，2008）

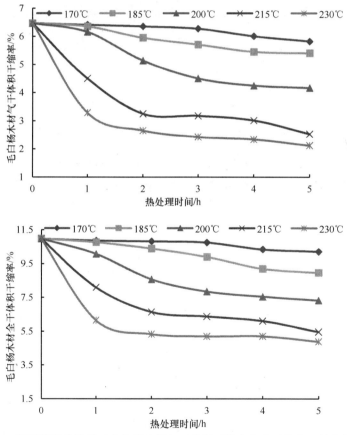

图3-14　不同温度热处理下毛白杨木材气干体积干缩率和全干体积干缩率的变化
（曹永建，2008）

3.2.2.3 湿胀性

木材经高温热处理后，湿胀率与干缩率的变化趋势大体一致。热处理温度在200℃以下时，湿胀率的下降相对缓慢，当温度高于200℃时，湿胀率快速下降。这一结论可以通过郭飞（2015）的研究进行佐证。郭飞（2015）对马尾松经不同温度高温热处理后的抗湿胀率进行了研究，指出，马尾松木材经200℃高温热处理2h后，吸水体积抗湿胀率为10.7%，而经215℃和230℃高温热处理2h后，吸水体积抗湿胀率分别达到21.9%和31.4%，木材经高温热处理后抗湿胀率的增加说明了高温热处理后木材湿胀率的下降，尺寸稳定性的增加。史蓓等（2011）研究了热处理圆盘豆的体积湿胀率，经200℃高温处理4h后吸水体积湿胀率相比未处理材降低了24.3%。

Awoyemi和Jones（2011）指出，热处理过程中半纤维素等成分的降解引起羟基减少，会使木材吸湿性降低，但同时由于纹孔开放会引起木材吸湿性增加。由于化学成分的降解带来的木材吸湿性的减小效应超过了纹孔开放带来的木材吸湿性的增加效应，因此木材经高温热处理后吸湿性降低。

3.2.3 颜色

颜色是决定消费者印象最重要的因素，也是产品生产与设计中最生动、最活跃的因素。木材颜色不仅是木材表面视觉物理量的一个重要特征，而且也是人工林培育、木材改性与利用等的一个重要指标，对木材加工利用具有重要意义。高温热处理能使木材颜色发生变化，其特点是由木材本色逐渐变为浅褐色、深褐色，甚至黑色；同时，还能使色差较大的素材颜色统一或降低色差。因而木材热处理不仅可以提高木材的附加值，而且为美化木材表面颜色提出一种新思路（江京辉，2013）。

颜色评估利用国际发光照明委员会（CIE）规定的CIE标准色度系统，3个基本指标：明度指数（L^*）、红绿轴色品指数（a^*）和黄蓝轴色品指数（b^*），由这3个基本指标的变化推导得出色饱和度差（ΔC^*）、色差（ΔE^*）和色相差（ΔH^*）。

3.2.3.1 影响因子

（1）温度和时间

热处理温度对木材颜色起决定性作用。杉木心材、杉木边材和毛白杨木材分别经170℃、185℃、200℃、215℃、230℃热处理2h后颜色变化如图3-15所示。

可以明显看到，随着热处理温度的升高，处理材的总体颜色与对照材差异在加大，在视觉上处理材的颜色越来越暗，逐渐变为深褐色。相比热处理温度而言，热处理时间对颜色的影响小于热处理温度对颜色的影响。

对照 170℃ 185℃ 200℃ 215℃ 230℃　　　对照 170℃ 185℃ 200℃ 215℃ 230℃　　　对照 170℃ 185℃ 200℃ 215℃ 230℃
　　　　杉木心材　　　　　　　　　　　　杉木边材　　　　　　　　　　　毛白杨木材

图3-15　杉木心材、杉木边材和毛白杨木材经不同温度热处理2h后颜色的变化
（曹永建，2008）（彩图请扫封底二维码）

用CIE标准色度系统评估杉木心材、杉木边材和毛白杨木材分别经170℃、185℃、200℃、215℃、230℃和1～5h热处理后ΔC^*、ΔE^*和ΔH^*的变化（图3-16～图3-18）。就ΔC^*而言，短时间的热处理会增加木材颜色的光泽度，此后随着处理时间的延长，处理材颜色的光泽度逐步降低。当ΔC^*由正值变为负值且越来越小时，说明处理材的颜色已经比对照材的颜色变得暗深。从ΔE^*和ΔH^*来看，随着处理时间的延长和处理温度的升高，处理材的总体颜色与处理前木材的颜色差异越来越大，在视觉上处理材的颜色越来越暗，由浅褐色变为深褐色（图3-15）。

（2）热处理介质

相同热处理温度下，不同热处理介质对木材颜色影响较小。热处理介质包括过热水蒸气、氮气、热油等。ThermoWood热处理过程中，热处理介质是过热水蒸气，经过该热处理后的木材颜色呈褐色至深褐色；Retification热处理是在充满氮气的特殊处理室中进行，要求室内含氧量低于2%，将含水率12%左右的木材缓慢加热到210～240℃进行处理，处理后木材颜色也会变暗（周永东等，2006）；以热油为介质经高温处理的木材颜色呈深褐色（曹永建，2008）。

（3）窑内压力

热处理过程中，热处理窑内压力对木材颜色的影响与常压下热处理有显著差异。在相同热处理温度和时间下，加压处理后的木材颜色要深于常压处理。Ding等（2011）指出，在相同热处理温度和时间下，加压过热水蒸气热处理樟子松木材L^*下降幅度明显高于常压下过热水蒸气热处理材，并存在显著差异。

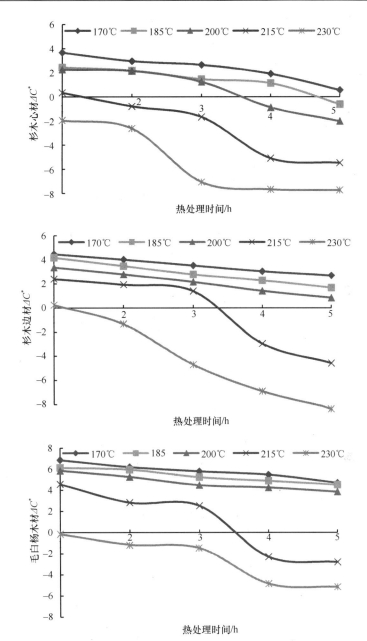

图3-16 不同温度热处理下杉木心材、杉木边材和毛白杨木材ΔC*变化（曹永建，2008）

ΔC*为正值表示被测样比对照样鲜明，负值表示被测样比对照样暗深

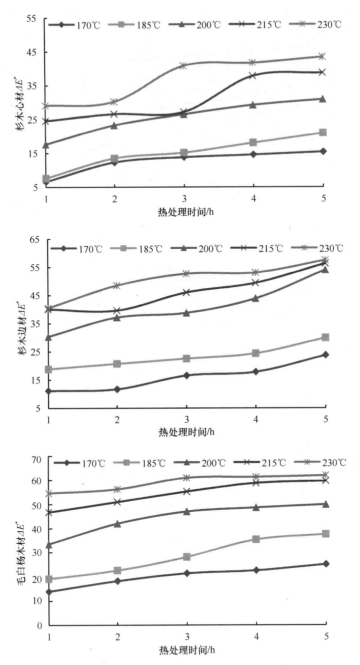

图3-17　不同温度热处理下杉木心材、杉木边材和毛白杨木材ΔE^*变化（曹永建，2008）

ΔE^*值越大，表示被测样和对照样颜色差别越大

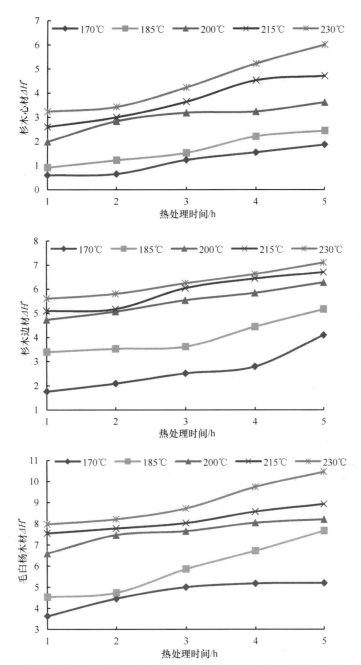

图3-18 不同温度热处理下杉木心材、杉木边材和毛白杨木材ΔH^*变化（曹永建，2008）

ΔH^*值越大，表示被测样和对照样色相变化越大

3.2.3.2　与力学性质的关系

木材颜色是影响热处理材附加值的关键因素之一，热处理颜色直接反映出热处理程度。建立木材颜色与其他物理力学性能的关系，通过观察木材颜色变化，便可获知高温热处理材的其他物理力学性能的变化情况，如失重率和力学强度。

González-Peña和Hale（2009）研究表明，热处理材失重率与颜色之间的关系为：当失重率小于3%时，随着处理材失重率的增加，a^*值、b^*值和C^*值逐渐增加；当失重率大于3%时，随着失重率的增加，a^*值、b^*值和C^*值逐渐减小。Brischke等（2007）研究得到L^*值与b^*值的和与热处理材失重率呈线性关系，云杉木、榉木和松木边材的决定系数均在0.9以上，松木心材的决定系数（0.669）稍低，因而可以利用木材失重率控制热处理材的颜色变化。

Bekhta和Niemz（2003）建立了ΔE^*与不同树种木材抗弯强度的线性关系，其决定系数均大于0.98。González-Peña和Hale（2009）利用ΔE^*和ΔL^*分别对热处理后木材的抗弯强度、抗弯弹性模量、硬度、剪切强度、冲击韧性、顺纹抗压强度、横纹抗压强度和密度等物理力学性能进行了二项式$y=b_0+b_1x+b_2x^2$拟合，结果显示，ΔE^*和ΔL^*与热处理后木材的物理力学性能存在显著相关，ΔE^*与各物理力学性能的决定系数要高于ΔL^*。同时，曹永建（2008）也建立了回归方程，指出杉木ΔC^*、ΔE^*和ΔH^*与木材抗弯强度和抗弯弹性模量损失率有很高的线性相关性。因此，可以通过颜色的变化来调控热处理的温度和时间，以达到热处理材的质量要求。当然，也有研究者认为利用颜色预测强度的准确性不高，强度主要受到心边材、生长轮、幼龄材或成熟材等因素的影响（Johansson and Morén，2006）。

3.2.3.3　变化机理

热处理过程中，木材的化学组分发生变化，进而导致木材的颜色发生变化，由浅褐色逐渐转向褐色至深褐色。总体明度降低，颜色均匀柔和，视觉舒适，颜色稳定。

木材的颜色变化是由一系列复杂的物理和化学过程所导致的，根本原因是木材中基本发色基团和助色基团的增加和减少。木材中具有显色作用的木质素在加热过程中产生的降解产物含有发色基团或助色基团，会引起木材颜色的变化。一般来说，木质素具有较高的热稳定性。在热处理过程中，木材中的木质素含量和碳含量是相对增加的，这一现象在富含半纤维素成分的阔叶材中更为显著。虽然木质素因羟基基团含量较少而具有较好的疏水性和化学反应惰性，但由于木质素中含有甲氧基基团，所以在热分解过程中木质素中的醚键非常容易断裂

（Browne，1958），醚键断裂生成自由基，而自由基的性质极不稳定，容易与相邻分子相互作用，产生链传递和终止反应，生成相对稳定的过氧化物，过氧化物在高温下分解为有色化合物，使木材变色。

另外，木材中的抽提物在高温下发生变化，也可导致木材变色。在较低温度下加热时，木材内部的水分缓缓向外移动，酚类、黄酮类化合物等水溶性抽提物也会随着木材内的水分移动而聚集在木材表面，促使木材表面颜色的变化；随着热处理温度的进一步升高，木材中的酚类化合物形成的有色物质在高温下受空气氧化也能发生变色。瑞典的Sehlstedt-Persson（2003）研究了松树和云杉的汁液和热抽提物的颜色反应，认为木材中的树脂和抽提物的结构变化是引起木材颜色变化的原因。高建民等（2004）探讨了三角枫在加热干燥过程中的变色机理，认为在一定的温度和湿度条件下，三角枫中的多元酚物质、色素和单宁发生氧化反应，导致其中的苯环、酚羟基等发色基团和助色基团发生变化，使三角枫变色。

3.2.4　耐久性

木材耐久性包括耐腐性能、抗白蚁蛀蚀、抗霉菌和变色菌的侵蚀等。腐朽菌、霉菌、变色菌和白蚁均是破坏木材性能的生物因子，但其为害方式及对木材的败坏程度和原理并不相同（马星霞等，2011）。热处理是一种以物理方式改性木材的方法，可以提高木材的尺寸稳定性，降低木材部分强度，但对木材耐久性的影响存在差异。

3.2.4.1　耐腐性

木材耐腐性是指木材对木材腐朽菌生物劣化的抵抗能力。耐腐性是木材的重要性能之一，决定了木材的使用环境。木材天然耐腐等级评定标准以木材受木腐菌腐朽试验前后的失重率为评定依据。针、阔叶树材的耐腐等级按试样失重率分为4级（表3-1）。

表3-1　耐腐等级与失重率的关系

耐腐等级	等级描述	失重率/%
I	强耐腐	0～10
II	耐腐	11～24
III	稍耐腐	25～44
IV	不耐腐	>45

　　曹永建（2008）研究了杉木心材、杉木边材和毛白杨木材分别经170℃、185℃、200℃、215℃、230℃和1～5h热处理后木材失重率的变化（图3-19），研究表明，杉木心材和杉木边材的失重率均小于10%，表明二者的耐腐等级均为强耐腐；不同热处理条件下，杉木心材和边材质量呈现不同程度增加，其原因是

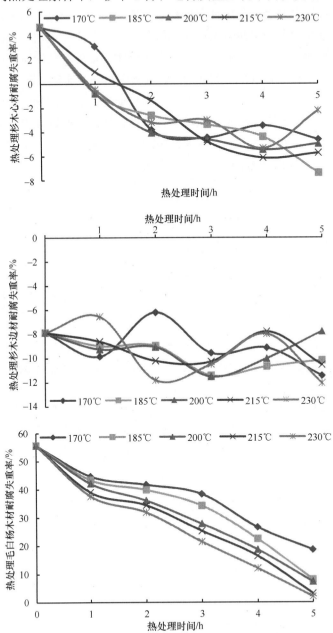

图3-19　不同温度热处理下杉木心材、杉木边材和毛白杨木材失重率的变化

（曹永建，2008）

菌丝长入木材内部之后，由于可食物质较少导致菌丝死亡，死亡后的菌丝附在木材内部而不能被移出，最终导致木材总体质量有所增加，从实质上来说，增加的这部分质量应为菌丝的质量；毛白杨的失重率随着热处理温度的升高和时间的延长而逐渐降低，使其耐腐性从不耐腐等级逐步提高到稍耐腐、耐腐、强耐腐等级。

经高温热处理后，木材的耐腐性提高，且随着热处理温度的升高和时间的延长，耐腐性等级上升（曹永建，2008）。其原因是热处理引起木材降解导致木腐菌赖以生存的营养物质减少，此外，由于半纤维素降解产生糠醛和乙酸，也可能影响了木腐菌的生存环境（刘星雨，2010），从而导致热处理材耐腐性提高。

3.2.4.2　抗白蚁蛀蚀性

热处理材不抗白蚁蛀蚀，当其用于白蚁严重危害的区域时，需添加防虫剂。江京辉（2013）对柞木和人工林杉木木材采用3种不同的热处理方式（常压过热水蒸气热处理、加压过热水蒸气热处理及高压饱和水蒸气热处理），经不同温度和时间热处理后，两种木材抗白蚁蛀蚀后失重率的结果显示，不同热处理温度、时间与方式对蛀蚀程度差别不显著，均为严重蛀蚀，热处理材不具有抗白蚁性能。但相对而言，热处理阔叶材防白蚁性能略好于针叶材（江京辉，2013）。Surini等（2012）对真空热处理海岸松（*Pinus pinaster*）的耐久性研究中发现该热处理方式也不具有增加木材防白蚁的性能。

3.2.4.3　抗霉菌、变色菌

热处理材同未处理材类似，基本不具有抗霉性能，因而在使用时需要对木材进行防霉处理。谢桂军（2018）提到了两种热处理材防霉变的方法：一种是热处理材的抽提处理，即将抽提物提取，以减少热处理材的霉变；另一种是对木材进行预处理，再结合常规的热处理工艺，一体化获得防霉热处理材。谢桂军（2018）还研究了抽提处理和预处理对马尾松热处理材的霉变防治效果（表3-2，表3-3）。以下几种抽提处理的木材中，马尾松木材霉变防治效力达到33.25%的有10g/kg HCl抽提220℃热处理2h后的马尾松木材、热水抽提200℃热处理2h后的马尾松木材、热水抽提180℃热处理3h后的马尾松木材、乙醇∶苯抽提180℃热处理2h后的马尾松木材、热水抽提180℃热处理3h后的马尾松木材，热水抽提200℃热处理1h后的马尾松木材其霉变防治效力为16.75%，而其他抽提处理的马尾松热处理材和对照材的霉变防治效力均为0。这些样品的霉变防治效力较低，说明抽提处理对马尾松热处理的霉变防治效力不明显。用SGB∶水（1∶2）和5%硼砂水溶液浸渍预处理马尾松木材后再进行热处理，获得的霉变防治效力也不高（表3-3）。而在木材中原位获得纳米铜，结合传统热处理方法获得的马

表3-2　抽提处理对马尾松热处理材的霉变防治效力（谢桂军，2018）

热处理方式	抽提方式	霉变防治效力/%	热处理方式	抽提方式	霉变防治效力/%
180℃、1h	10g/kg HCl	0	200℃、3h	10g/kg HCl	0
	热水抽提	0		热水抽提	0
	乙醇：苯	0		乙醇：苯	0
	10g/kg NaOH	0		10g/kg NaOH	0
180℃、2h	10g/kg HCl	0	220℃、1h	10g/kg HCl	0
	热水抽提	0		热水抽提	0
	乙醇：苯	33.25		乙醇：苯	0
	10g/kg NaOH	0		10g/kg NaOH	0
180℃、3h	10g/kg HCl	0	220℃、2h	10g/kg HCl	33.25
	热水抽提	33.25		热水抽提	0
	乙醇：苯	0		乙醇：苯	0
	10g/kg NaOH	0		10g/kg NaOH	0
200℃、1h	10g/kg HCl	0	220℃、3h	10g/kg HCl	0
	热水抽提	16.75		热水抽提	0
	乙醇：苯	0		乙醇：苯	0
	10g/kg NaOH	0		10g/kg NaOH	0
200℃、2h	10g/kg HCl	0	未处理	10g/kg HCl	0
	热水抽提	33.25		热水抽提	0
	乙醇：苯	0		乙醇：苯	0
	10g/kg NaOH	0		10g/kg NaOH	0

表3-3　预处理对马尾松热处理材的霉变防治效力（谢桂军，2018）

预处理方式	热处理方式	霉变防治效力/%	预处理方式	热处理方式	霉变防治效力/%
SGB：水（1：2）	180℃、1h	33.3	5%硼砂水溶液	180℃、1h	25.0
	180℃、3h	33.3		180℃、3h	20.8
	180℃、5h	37.5		180℃、5h	8.3
	200℃、1h	41.7		200℃、1h	8.3
	200℃、3h	25.0		200℃、3h	20.8
	200℃、5h	33.3		200℃、5h	16.7
	220℃、1h	25.0		220℃、1h	4.2
	220℃、3h	25.0		220℃、3h	4.2
	220℃、5h	20.8		220℃、5h	0.0

尾松热处理材，其霉变防治效力高达90%以上（表3-4）（谢桂军，2018）。以含铜量为6.35%的热处理含铜马尾松材（CuG）浸渍液真空浸渍木材后，再以220℃分别以3h、5h、7h热处理该样品。3种木材防霉变效力分别达到93.75%、97.92%、91.67%。

表3-4 热处理含铜马尾松材的霉变防治效力（谢桂军，2018）

样品	处理方式	霉变防治效力/%
未处理	—	0
CuG2203	220℃、3h	93.75
CuG2205	220℃、5h	97.92
CuG2207	220℃、7h	91.67

3.2.5 耐候性

木材的耐候性是指在室外的紫外光、雨水、风等作用下，木材发生化学变化而失去其优良性能的老化过程，其中光辐射是最有害的因素。

与大多数未处理材相同，热处理材难以抵御紫外线辐射的影响。当暴露在直射的阳光下时，在较短时间内颜色即从原来的棕色外观变成灰色风化的颜色。另外，紫外线辐射会引起小的表面变形，因此需使用表面保护措施。热处理材表面处理的最佳方式是在溶剂基质中使用含水基或醇酸树脂的初级（油）和丙烯酸清漆。

另外，高温热处理后木材尺寸稳定性的增加使木材可以较长时间暴露在阳光和空气中。

3.2.6 润湿性

高温热处理使木材尺寸稳定性提高主要是由于木材化学成分在高温下发生降解，分子链上的游离羟基数量减少，使得木材的亲水性下降。这种疏水性增加的同时，也改变了热处理材的表面润湿性能。

Pétrissans等（2003）研究热处理材接触角时发现，热处理后阔叶材黑杨（*Populus nigra*）和欧洲山毛榉（*Fagus sylvatica*）的接触角分别提高了85.8%和62.4%，而针叶材欧洲云杉（*Picea abies*）和欧洲赤松（*Pinus sylvestris*）的接触角分别提高了16.2%和44.7%，热处理后阔叶材的接触角增加大于针叶材。谢桂军（2018）研究了马尾松热处理材的表面接触角，指出当热处理时间相同时，热处理材的表面接触角随着热处理温度的升高而增大。热处理材的接触角增加，表面自由能下降，继而影响到胶合或涂饰性能（Kocaefe et al.，2008；Huang et al.，2012）。

3.3　力学性能

高温热处理对木材力学性能有着非常重要的影响（Santos，2000；Gündüz et al.，2009）。目前关于热处理材力学性能的研究主要集中在抗弯强度（MOR）、抗弯弹性模量（MOE）、顺纹抗压强度（CPG）、冲击韧性（toughness）、硬度（hardness）等。高温热处理对木材力学强度的影响有两种规律：一种是随着热处理温度和时间的延长，力学性能逐渐下降；另一种是在较低处理温度和较短处理时间时，力学强度有所增加，但随着热处理温度的升高和时间的延长，木材力学强度会逐渐下降（江京辉和吕建雄，2012）。

3.3.1　硬度

木材硬度是指木材抵抗其他钢体压入木材的能力。一般来说，随着热处理温度的升高和时间的延长，木材硬度呈现先升高后降低的趋势（曹永建，2008）。

曹永建（2008）对杉木心材、杉木边材和毛白杨木材分别经170℃、185℃、200℃、215℃、230℃和1～5h高温热处理后的木材硬度进行了研究（图3-20）。三种木材弦面硬度在185～200℃热处理2～4h后达到最大值，随着热处理温度的升高和时间的延长，木材弦面硬度开始降低，230℃热处理5h后木材弦面硬度的热处理材弦面硬度明显低于对照材。

引起木材硬度变化的原因为：热处理初期随着纤维素无定形区内水分的散失，相邻纤维素表面形成新的氢键结合，使结晶区面积增加，结晶度提高。Nakao等（1983）也发现短时间的热处理可以增加纤维素的结晶度。而此时的热处理温度并不会明显引起木材三大组分（纤维素、半纤维素和木质素）的降解，因而就木材的机械性能而言，此时的热处理会增加木材的硬度及其他力学性能。

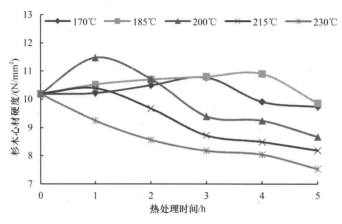

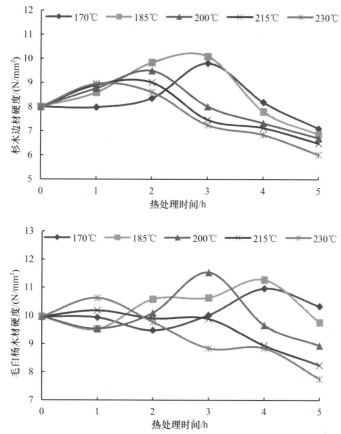

图3-20　不同温度热处理下杉木心材、杉木边材和毛白杨木材热处理后的硬度变化

（曹永建，2008）

当热处理温度大于200℃时，木材细胞壁组分均发生不同程度的降解和缩聚反应，导致纤维素大分子链断裂，使纤维素聚合度降低，结晶度下降，最终导致杉木和毛白杨高温热处理材硬度下降（曹永建，2008）。

3.3.2　弯曲性能

　　曹永建（2008）研究了杉木心材、杉木边材和毛白杨木材分别经170℃、185℃、200℃、215℃、230℃和1～5h高温热处理后抗弯强度和抗弯弹性模量的变化（图3-21～图3-23）。随着热处理温度的升高和热处理时间的延长，杉木心材抗弯强度和抗弯弹性模量整体上呈逐渐降低的趋势；对于杉木边材和毛白杨木材来说，当热处理温度低于200℃时，短时间的热处理不但没有降低木材的抗弯强度和抗弯弹性模量，反而会使二者在数值上有不同程度的增加。当热处理温度

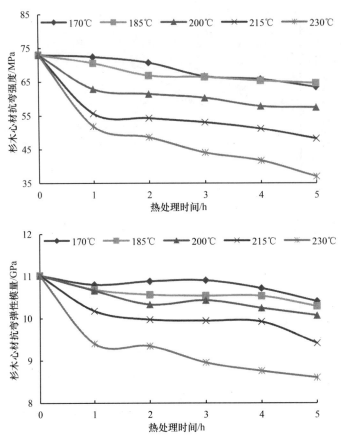

图3-21　不同温度热处理下杉木心材抗弯强度和抗弯弹性模量的变化（曹永建，2008）

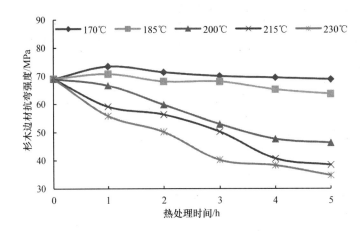

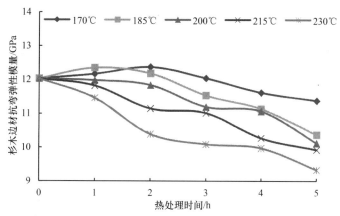

图3-22 不同温度热处理下杉木边材抗弯强度和抗弯弹性模量的变化（曹永建，2008）

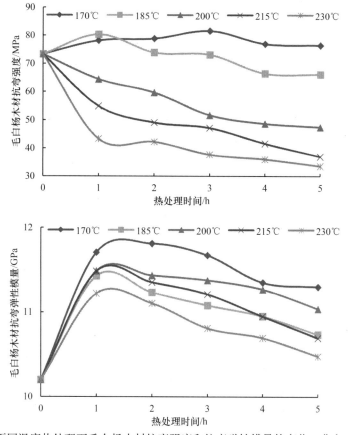

图3-23 不同温度热处理下毛白杨木材抗弯强度和抗弯弹性模量的变化（曹永建，2008）

低于200℃时，相同处理时间条件下，杉木边材和毛白杨木材抗弯强度和抗弯弹性模量随着温度的升高呈现先升高后降低的趋势。

在170℃、185℃、200℃、215℃、230℃和1～5h高温热处理条件下，杉木心材的抗弯强度损失率为0.8%～42.9%，抗弯弹性模量的损失率为2.0%～21.9%；杉木边材的抗弯强度损失率为-6.4%～49.7%，抗弯弹性模量的损失率为-2.8%～22.4%；毛白杨木材抗弯强度的提高率为0.0%～11.3%，损失率为0.0%～54.2%，抗弯弹性模量的提高率为2.7%～15.8%。

引起木材抗弯强度增加的原因主要包括两个方面：一方面是热处理使木材的平衡含水率下降，木材发生干缩，从而使纤维束之间引力增大，导致木材力学强度提高；另一方面是由于半纤维素的降解使部分无定形分子链结合更紧密，纤维素结晶区面积增大，结晶度提高（刘星雨，2010）。Nakao等（1983）也发现短时间的热处理可以增加纤维素的结晶度。然而，更高温度和更长时间的热处理会伴随着木材化学成分的降解，使木材的抗弯性能下降，且随着热处理温度的升高和时间的延长降幅逐渐增大。

3.3.3　冲击韧性

半纤维素是无定形物质，在细胞壁中起填充作用。木材热处理过程中，半纤维素首先发生降解，半纤维素的降解会导致木材脆性增加、韧性下降（刘一星和赵广杰，2004；曹永建，2008）。木材冲击韧性随着热处理温度的增加和热处理时间的延长而降低（郭飞，2015）。将云杉经220℃热处理3h后，冲击韧性比对照普通窑干材下降了25%（International ThermoWood Association，2003）。李慧明等（2009）对南方松、樟子松（*Pinus sylvestris* var. *mongolica*）、水曲柳（*Fraxinus mandshurica*）、柞木（*Quercus mongolica*）分别经230℃高温热处理后的木材冲击韧性进行了研究，相比未处理材，冲击韧性分别下降了43%、32%、58%、58%，下降幅度非常明显。

3.4　微 观 构 造

高温热处理会改变木材的结构和化学成分，在微观上表现为木材细胞结构、结晶结构、细胞壁力学性能等的变化。

3.4.1　细胞结构

江京辉（2013）对柞木对照材（图3-24）、常压180℃处理4h后热处理材（图3-25）、常压220℃处理4h后热处理材（图3-26）、0.4MPa窑内压力180℃处理4h后热处理材（图3-27）、0.4MPa窑内压力220℃处理4h后热处理材（图3-28）5种试样的3个切面（横切面、径切面、弦切面）进行了扫描电镜分析。

对比对照材（图3-24a）、常压220℃处理4h后热处理材（图3-26a）与窑内压力0.4MPa 220℃处理4h后热处理材（图3-28a）3个横切面，导管附近细胞由圆形或方形经常压热处理或加压热处理后变为椭圆形，发生皱缩现象，可能导致热处理材抗弯弹性模量的增加；当增加热处理温度或窑内压力，热处理材早材导管附近塌陷严重，同时导致了裂纹，尤其当热处理窑中蒸汽压力增加至0.4MPa时（图3-26a），细胞塌陷与裂纹更加明显，宏观表现为细小端裂，可能由于热处理材发生化学成分降解，导致抗弯强度和抗弯弹性模量的下降。

对比对照材（图3-24b）、常压180℃处理4h后热处理材（图3-25b）与窑内压力0.4MPa 220℃处理4h后热处理材（图3-28b）3个径切面，随着热处理温度和窑中蒸汽压力的升高，导管和射线薄壁组织细胞塌陷更加严重，这与热处理欧洲山毛榉（*Fagus sylvatica*）和桉木有类似的现象（王雪花，2012；Boonatra et al.，

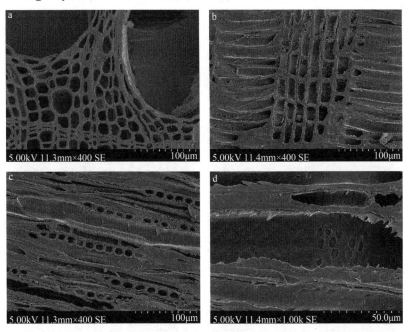

图3-24　柞木对照材扫描电镜图（江京辉，2013）（彩图请扫封底二维码）

a. 横切面（×400）；b. 径切面（×400）；c. 弦切面（×400）；d. 径切面（×1000）

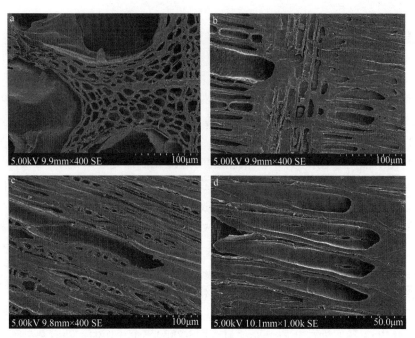

图3-25　常压180℃处理4h后柞木热处理材扫描电镜图（江京辉，2013）

（彩图请扫封底二维码）

a. 横切面（×400）；b. 径切面（×400）；c. 弦切面（×400）；d. 径切面（×1000）

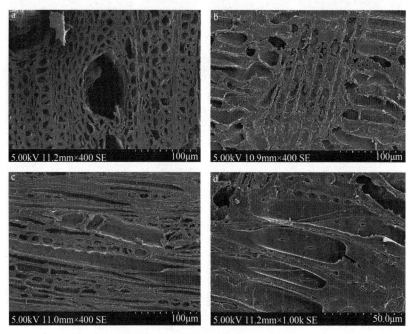

图3-26　常压220℃处量4h后柞木热处理材扫描电镜图（江京辉，2013）

（彩图请扫封底二维码）

a. 横切面（×400）；b. 径切面（×400）；c. 弦切面（×400）；d. 径切面（×1000）

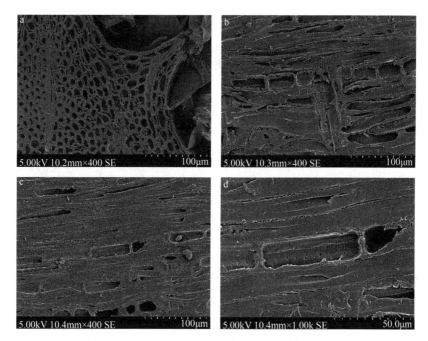

图3-27　窑内压力0.4MPa180℃处理4h后柞木热处理材扫描电镜图（江京辉，2013）

（彩图请扫封底二维码）

a.横切面（×400）；b.径切面（×400）；c.弦切面（×400）；d.径切面（×1000）

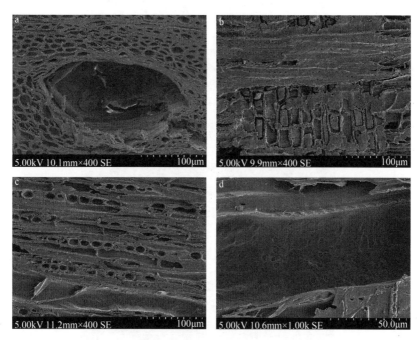

图3-28　窑内压力0.4MPa220℃处理4h后柞木热处理材扫描电镜图（江京辉，2013）

（彩图请扫封底二维码）

a.横切面（×400）；b.径切面（×400）；c.弦切面（×400）；d.径切面（×1000）

2006a，2006b）。类似这种结构的破坏，导致了木材宏观抗弯强度和抗弯弹性模量等力学强度的下降。

　　对比对照材（图3-24d）、常压180℃处理4h后热处理材（图3-25d）与窑内压力0.4MPa 220℃处理4h后热处理材（图3-28d）放大1000倍后的3个径切面，对照材的导管壁间纹孔互列，稀疏，圆形；纹孔口内含，透镜形；单一穿孔，清晰可见。经常压高温热处理后的柞木木材，导管穿孔板附近发生裂隙（图3-25d）；经加压高温热处理后的柞木木材，纹孔膜被破坏（图3-28d）。

　　Awoyemi和Jones（2011）利用扫描电镜分别比较了未处理及分别在220℃高温下经历1h、2h热处理后西部红松木材的细胞结构（图3-29）。红松未处理试样纵切面扫描电镜图可以观察到正常的管胞和纹孔，经过1h高温热处理后纵切面扫描电镜图中管胞和纹孔出现局部破坏，经过2h高温热处理后纵切面扫描电镜图中管胞和纹孔出现更大程度破坏，表明热处理过程中细胞壁化学成分（主要是半纤维素）降解形成的乙酸、甲酸和酚酸等物质影响了木材性能。但同时，细胞壁化学成分的降解并不是热处理过程中促使木材性能发生变化的唯一影响因素，管胞和纹孔的破坏也是引起木材性能发生变化的因素。

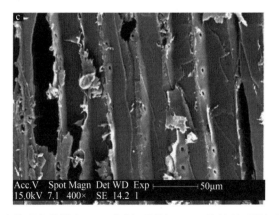

图3-29　红松未处理和分别在220℃高温下经过1h、2h热处理后纵切面扫描电镜图
（Awoyemi and Jones，2011）（彩图请扫封底二维码）

a. 未处理；b. 220℃高温下经过1h热处理；c. 220℃高温下经过2h热处理

3.4.2　结晶结构

　　纤维素结晶度是指纤维素结晶区所占纤维素整体的百分率。高温热处理对木材结晶区没有形成明显影响，即没有改变结晶层的距离。与对照材相比，经过不同温度常压与加压高温热处理后，木材纤维素I002晶面衍射峰的位置都在22°附近（图3-30）。

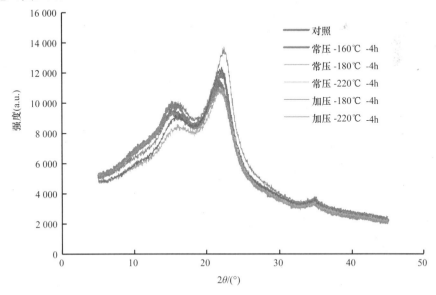

图3-30　热处理材与对照材的X射线衍射图（江京辉，2013）（彩图请扫封底二维码）

θ为衍射角

尽管高温热处理对木材结晶区没有明显影响，但木材经高温热处理后相对结晶度会有一定的改变（图3-31）。当常压过热水蒸气热处理温度为160℃、180℃和220℃时，处理材纤维素相对结晶度分别为39.55%、38.94%和37.94%，与对照材结晶度（38.76%）相比，160℃、180℃热处理相对结晶度分别提高了2.04%、0.46%，220℃热处理相对结晶度降低了2.12%。在常压过热水蒸气热处理中，当处理温度在160℃以内时，木材纤维素的结晶度随着处理温度的升高而增加，其原因是：在热处理过程中，纤维素准结晶无定形区域内纤维素分子链之间的羟基发生"架桥"反应，脱出水分，产生醚键，使得无定形区内微纤丝的排列更加有序，向结晶区靠拢并取向，从而使得木材相对结晶度增加。当热处理温度升至220℃时，木材纤维素结晶度显著降低，明显低于对照材，可能是当热处理温度达到220℃或者200℃，木材半纤维素开始发生水解产生乙酸，乙酸对纤维素无定形区甚至是定形区域的微纤丝起到降解作用，将葡萄糖单元水解为短链结构，从而使处理材纤维素相对结晶度显著降低（袁佳，2010）。

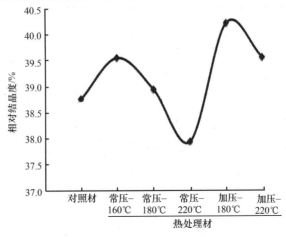

图3-31　柞木对照材与热处理材相对结晶度

在加压过热水蒸气热处理中，当加压（0.4MPa）过热水蒸气热处理温度为180℃和220℃时，处理材纤维素相对结晶度分别为40.22%和39.56%，与对照材相比，其相对结晶度分别提高了3.77%和2.06%；在热处理温度相同的情况下，加压与常压热处理材相比，温度180℃和220℃相对结晶度分别增加了3.29%和4.27%。这表明无论在常压还是加压状态下，热处理温度为160～220℃时，柞木木材纤维素相对结晶度随着温度的增加呈现出先增加后减小的变化规律，该研究结果与已有的研究成果（Johansson，2005）基本一致。加压过热水蒸气热处理材与常压热处理材的相对结晶度相比又得到提高，其原因可能是在密闭环境下加压热处理的过程中木材产生甲酸、乙酸和糖类等物质，使热处理环境为酸性，促使木材中的半纤维素降解加剧，导致处理材相对结晶度进一步提高。

3.4.3　细胞壁力学性能

江京辉（2013）研究了柞木未处理材与180℃、220℃热处理2h后的热处理材抗弯弹性模量、端面硬度及顺纹抗压强度（表3-5），利用纳米压痕测试了细胞壁纵向弹性模量与硬度（表3-6）。热处理温度较低时（180℃），细胞壁纵向弹性模量较未处理材有所增加，随着热处理温度继续升高，细胞壁纵向弹性模量有所下降。热处理材细胞壁端面硬度大于未处理材，但该结果随树种的不同而存在差异。在热处理温度180～220℃时，抗弯弹性模量从小到大的顺序为180℃热处理材＜未处理材＜220℃热处理材，与细胞壁纵向弹性模量趋势不同；对于端面硬度而言，热处理材大于未处理材，180℃热处理时端面硬度最大，与细胞壁纵向弹性模量变化趋势相同；顺纹抗压强度随着热处理温度升高而减少。

表3-5　热处理与未处理柞木宏观力学强度（江京辉，2013）

处理方式	抗弯弹性模量/GPa	端面硬度/MPa	顺纹抗压强度/MPa
未处理	17.56	32.96	55.86
180℃、2h	15.83	38.14	43.51
220℃、2h	17.84	34.67	44.26

表3-6　热处理与未处理柞木细胞壁力学强度（江京辉，2013）

处理方式	纵向弹性模量/GPa	端面硬度/MPa
未处理	16.92	576.47
180℃、2h	19.77	603.59
220℃、2h	16.04	632.18

3.5　小　结

本章介绍了热处理过程中木材化学成分的变化，以及由于化学成分变化引起的木材物理及力学性能的变化。

1）高温热处理能够引起木材化学成分的降解。在热处理过程中，半纤维素热稳定性最差，是热处理过程中首先发生降解的物质，一般在150℃以上开始降解。纤维素热稳定性较高，当热处理温度高于230℃时，纤维素开始降解，分子链断裂，结晶结构发生破坏，聚合度下降。木质素是热处理过程中最不易发生降解的物质，具有非常好的热稳定性，木质素的降解峰值温度在300℃以上，对热处理材理化性能影响较小。

2）在高温热处理过程中，密度、尺寸稳定性、颜色、耐久性及硬度、弯曲性能等力学性能均发生了改变。经高温热处理后，木材的密度降低、尺寸稳定性提高、颜色加深、耐腐性提高；随着热处理温度的升高和时间的延长，木材硬度、抗弯强度、抗弯弹性模量呈现先升高后降低的趋势；冲击韧性降低。

3）高温热处理材不抗白蚁蛀蚀，当其用于白蚁严重危害的区域时，需添加防虫剂。另外，高温热处理材难以抵御紫外线辐射的影响。

4）可以充分利用高温热处理的特点，如木材经热处理后热稳定性增加、颜色变为预期，在力学性能满足的情况下减少木材重量损失等，让热处理这一技术更好地为大众服务。

主要参考文献

曹永建. 2008. 蒸汽介质热处理材性质及其强度损失控制原理. 中国林业科学研究院博士学位论文: 25-45, 50-63, 69-124.

高建民, 张璧光, 常建民. 2004. 三角枫在干燥过程中变色机理的研究. 北京林业大学学报, 26(3): 59-63.

郭飞. 2015. 高温热处理对马尾松蓝变材性能的影响及其聚类分析. 中国林业科学研究院硕士学位论文: 20-24, 32-36, 47-51.

李惠明, 陈人望, 严婷. 2009. 热处理改性木材的性能分析 I. 热处理材的物理力学性能. 木材工业, 23(2): 43-45.

李坚. 2002. 木材科学(第二版). 北京: 高等教育出版社.

江京辉. 2013. 过热水蒸气处理柞木用于地热地板适应性及机理研究. 中国林业科学研究院博士学位论文: 68-82.

江京辉, 吕建雄. 2012. 高温热处理对木材强度影响的研究进展. 南京林业大学学报(自然科学版), 36(2): 1-6.

刘星雨. 2010. 高温热处理材的性能及分类方法探索. 中国林业科学研究院硕士学位论文: 29-37, 44-50, 61-65.

刘一星, 赵广杰. 2004. 木质资源材料学. 北京: 中国林业出版社.

马星霞, 蒋明亮, 吴玉章, 等. 2011. 樟子松热处理材耐久性能的评价. 木材工业, 25(1): 44-46.

漆楚生. 2019. 木材纤维素和半纤维素热特性分析与模拟. 中国林业科学研究院博士后出站报告: 2-5, 46-56.

史蕾, 鲍甫成, 吕建雄, 等. 2011. 热处理温度对圆盘豆地板材颜色的影响. 木材工业, 25(2): 37-39.

涂登云, 王明俊, 顾炼百, 等. 2010. 超高温热处理对水曲柳板材尺寸稳定性的影响. 南京林业大学学报(自然科学版), 34(3): 113-116.

王雪花. 2012. 粗皮桉木材真空热处理热效应及材性作用机制研究. 中国林业科学研究院博士学位论文: 68-85.

谢桂军. 2018. 热处理马尾松木材霉变机制及纳米铜防霉技术研究. 中国林业科学研究院博士学位论文: 50-66.

袁佳. 2010. 杉木高温炭化改性技术的初步研究. 中南林业科技大学硕士学位论文: 21-27.

周永东, 姜笑梅, 刘君良. 2006. 木材超高温热处理技术的研究及应用进展. 木材工业, 20(5): 1-3.

Aydemir D. 2007. The effect of heat treatment on some physical, mechanic and technological properties of uludag fir (*Abies bornmülleriana* Mattf.) and hornnbeam (*Carpinus betulus* L.) woods. Master's thesis, Zonguldak Karaelmas University, Zonguldak, Turkey.

Awoyemi L, Jones I P. 2011. Anatomical explanations for the changes in properties of western red cedar (*Thuja plicata*) wood during heat treatment. Wood Science and Technology, 45(2): 261-267.

Bekhta P, Niemz P. 2003. Effect of high temperature on the change in color, dimensional stability and mechanical properties of spruce wood. Holzforschung, 57(5): 539-546.

Boonstra M J, Rijsdiik J F, Sander C, et al. 2006a. Micro structural and physical aspects of heat treated wood. Part1. Softwoods. Maderas. Ciencia y Technología, 8(3): 193-208.

Boonstra M J, Rijsdiik J F, Sander C, et al. 2006b. Micro structural and physical aspects of heat treated wood. Part2. Hardwoods. Maderas. Ciencia y Technología, 8(3): 209-217.

Brischke C, Welzbacher C R, Brandt K, et al. 2007. Quality control of thermally modified timber: interrelationship between heat treatment intensities and CIE L* a* b* color data on homogenized wood samples. Holzforschung, 61(1): 19-22.

Browne F L. 1958. Theories of the combustion of wood and its control. Madison, Wis.: US Department of Agriculture, Forest Service, Forest Products Laboratory: 44.

Ding T, Gu L B, Li T. 2011. Influence of steam pressure on physical and mechanical properties of heat-treated Mongolian pine lumber. European Journal of Wood and Wood Products, 69(1): 121-126.

Esteves B, Pereira H. 2008. Wood modification by heat treatment: a review. BioResources, 4(1): 370-404.

Fengel D, Wegener G. 1989. Wood: chemistry, ultrastructure, reactions. Walter De Gruyter, Berlin, German.

González-Peña M M, Hale M D C. 2009. Color in thermally modified wood of beech, Norway spruce and Scots pine. Part 1: color evolution and color changes. Holzforschung, 63(4): 385-393.

Gündüz G, Korkut S, Aydemir D, et al. 2009. The density, compression strength and surface hardness of heat treated hornbeam (*Carpinus betulus* L.) wood. Maderas. Ciencia y Tecnología, 11(1): 61-71.

Huang X, Kocaefe D, Boluk Y, et al. 2012. Effect of surface preparation on the wettability of heat-treated jack pine wood surface by different liquids. European Journal of Wood and Wood Products, 70(5): 711-717.

International ThermoWood Association. 2003. ThermoWood handbook. www.thermowood.fi [2020-01-15].

Johansson D. 2005. Strength and color response of solid wood to heat treatment. Luleå University of Technology Department of Skellefteå Campus, Division of Wood Technology: 1-3.

Johansson D, Morén T. 2006. The potential of color measurement for strength prediction of thermally treated wood. Holz als Roh- und Werkstoff, 64(2): 104-110.

Kaygin B, Huang G, Aydemir D. 2009. Some physical properties of heat-treated *Paulownia* (*Paulownia elongata*) wood. Drying Technology, 27(1): 89-93.

Kocaefe D, Poncsak S, Doré G, et al. 2008. Effect of heat treatment on the wettability of white ash and soft maple by water. European Journal of Wood and Wood Products, 66(5): 355-361.

Nakao T, Okano T, Asano I. 1983. Effects of heat treatment on the loss tangent of wood. Nokuzai Gakkaishi, 29(10): 657-662.

Okon K E, Lin F, Chen Y, et al. 2017. Effect of silicone oil heat treatment on the chemical composition, cellulose crystalline structure and contact angle of Chinese parasol wood. Carbohydrate Polymers, 164: 179-185.

Pétrissans M, Gérardin P, Bakali I E, et al. 2003. Wettability of heat-treated wood. Holzforschung, 57(3): 301-307.

Ranta-Maunus A, Viitaniemi P, EK P. 1995. Method for processing wood at elevated temperatures. Patent, WO9531680.

Santos J A. 2000. Mechanical behavior of Eucalyptus wood modified by heat. Wood Science and Technology, 34(1): 39-43.

Sehlstedt-Persson M. 2003. Colour responses to heat-treatment of extractives and sap from pine and spruce. *In*: Proceedings of the 8th IUFRO International Wood Drying Conference. Improvement and innovation in wood drying: a major issue for a renewable material. 459-464.

Shafizadeh F, Chin P P S. 1977. Thermal deterioration of wood. Wood Technology: Chemical Aspects Chapter 5: 57-81.

Surini T, Charrier F, Malvestio J, et al. 2012. Physical properties and termite durability of maritime pine *Pinus pinaster* Ait., heat-treated under vacuum pressure. Wood Science and Technology, 46(1-3): 487-501.

4 高温热处理材的加工性能

高温热处理材广泛用于建筑外墙挂板、户外家具、室内家具及地板等，在加工过程中需要经过刨切、车削、砂光、成型、开榫、钻孔和横截等工序。高温热处理材的加工技术包括木材胶合、表面涂饰等，本章主要介绍热处理材的机械加工性能、胶合性能、连接性能和表面处理及涂饰性能。

4.1 机械加工性能

高温热处理材的过程中，木材中的木质素发生缩聚反应，半纤维素出现降解，使木材的物理和力学性能发生变化，其力学性能有总体下降的趋势，并表现出脆性，导致高温热处理材在加工时容易出现机械损伤。另外，热处理后木材的内部应力得到释放，降低了木材性能的波动，使热处理材加工更稳定。国内外已有文献对高温热处理材性质及其变化机理进行了研究，但关于高温热处理材机械加工性能的研究比较少。Tu等（2014）根据美国ASTM D1666–2017[①]与《锯材机械加工性能评价方法》（LY/T 2054—2012），对180℃、190℃、200℃和210℃热处理尾巨桉（*Eucalyptus urophylla* × *Eucalyptus grandis*）木材进行了机械加工性能评价，结果显示，热处理材的机械加工性能明显优于未处理材，其中190℃热处理材机械加工性能最好。

前人从机械加工质量、能耗、木屑及对刀具的损失等方面都做了相应的研究，本章节概括总结了已有的研究成果，同时对马尾松（*Pinus massoniana*）高温热处理材与未处理材刨切、车削、砂光、成型、开榫和钻孔等共六项机械加工性能进行了测试与综合评价。

4.1.1 锯切性能

木材进行高温热处理后，内部应力得到了释放，因此木材在被锯解时不易发生变形。此外，高温热处理使木材中的低分子树脂发生热解，使锯切设备的能耗

---

① ASTM D1666–2017 Standard Test Methods for Conducting Machining Tests of Wood and Wood-Base Panel Materials，木材和人造板材料进行机械加工试验的标准试验方法。

降低，使设备的连续工作时间显著增加。高温热处理过程中，木材节子容易开裂和脱落，因此应在选择原材料时注意筛选。

热处理材的平衡含水率低于未处理材，木质素在处理过程中缩聚后脆性增加，在锯切过程中产生的锯末很细，容易扩散到周围环境中去，因此需要有很好的除尘装置，对除尘系统的密封性要求更高。此外，鉴于齿距较大的锯片容易将热处理材产品的边缘削成碎片，因此推荐使用齿距小的锯片。碳化物锯片可以适当延长锯片的保修期和打磨间隔，刀具的磨损方式与锯切阔叶材类似（International ThermalWood Association，2003）。

丁涛等（2012）对热处理柞木（*Quercus mongolica*）锯材进行了铣削加工测试，与未处理材相比，表面粗糙度无显著差异，铣削热处理材时刀体温度更低，产生的粉尘粒径更小。Dzurenda和Orlowski（2011）分别对橡木和白蜡木在如图4-1的条件下进行热处理，用框式排锯在锯切速度分别为0.36m/min和1.67m/min时进行锯切，对比两种木材热处理前后锯切产生锯末的粒度分布规律（图4-2），表明，热处理材产生的锯末粒度更小，在进给速度为0.36～1.67m/min时，热处理后橡木锯切产生的锯末粒度为0.04～3.60mm，未处理橡木的锯末粒度为0.04～12.10mm；热处理白蜡木的锯末粒度为0.03～9.90mm，未处理白蜡木的锯末粒度为0.04～13.80mm。同时，对锯切过程中获得的锯末粒度进行分析发现，热处理橡木和白蜡木的锯末更精细，锯末粒度大多分布在125～500μm，范围为32～125μm的锯末粒度有所增加，如图4-2所示。

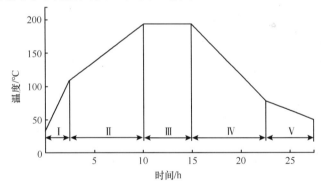

图4-1　橡木和白蜡木热处理条件（Dzurenda and Orlowski，2011）

Dolny等（2011）对热处理前后的橡木横向锯切产生的锯末进行了研究，结果表明，高温热处理后的橡木锯末更精细，且容积密度和堆积体积密度均大于未热处理的橡木，同时发现热处理前后橡木锯末颗粒的夹带速度规律一致，均与颗粒大小正相关。

Hlaskova等（2015）对未处理的欧洲山毛榉木和蒸汽热处理且长度方向压缩20%左右的山毛榉木圆锯锯切产生的锯末粒度进行了分析，结果表明，高温热处

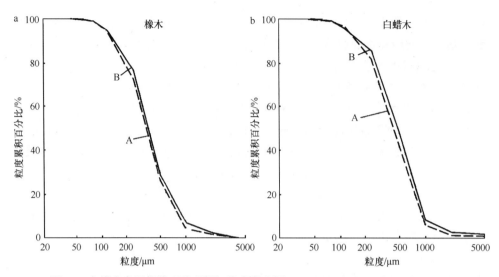

图4-2　白蜡木高温热处理前后锯切粒度分布图（Dzurenda and Orlowski，2011）

a. 进给速度为0.36m/min；b. 进给速度为1.67m/min。A：热处理材；B：未处理材

理后的山毛榉木锯切后产生的锯末更精细，锯末粒度小于100μm的比例增加，而锯末粒度为250～1000μm的比例降低。这是因为热处理且压缩后的木材具有更高的密度和更好的弯曲性能，内部结构的改变使细胞壁出现微裂纹，同时木质素-碳水化合物基质中的化学成分也发生了变化，因此较细锯末含量更高。

4.1.2　刨切性能

木材高温热处理过程中易发生尺寸变形和翘曲，为防止进给辊施加压力导致木材表面开裂，刨切时需要采用窄式进给辊，如图4-3所示（International ThermalWood Association，2003）。此外，在进行仿形切削之前需要先对板材进行刨切或者带锯锯切，以形成一个基准平面以防止压裂。木材高温热处理后，其强度降低且表面与刨刀之间的摩擦力减小，因此需要采用平缓的刨切工艺，调节进给辊参数以避免板材开裂。在一些生产线中，进给速度从80m/min下降到

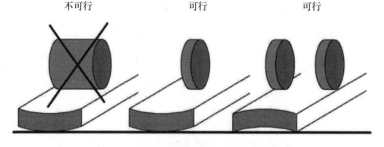

图4-3　高温热处理材刨切进给辊类型

了60m/min，或者从100m/min下降到了80m/min。相应地，刨刀的转速也需要降低，过高的转速/进给比会造成板材发热甚至灼烧。应选择硬质刨刀、类似加工阔叶材的刨切参数加工热处理材。调整进给辊的压力、木材纹理方向、翘曲、刀具的锐利程度及进给速度等参数，可获得好的刨切结果。

加工高温热处理材时，刨床的刨刀和其他平面都非常干净，这主要是因为热处理材中不含树脂，刨削的粉末更精细，除尘系统更容易收集产生的粉尘。Dolny等（2011）比较了热处理前后橡木刨切木屑的大小（图4-4），用四面刨床上的4个刀盘单独对热处理前后橡木进行刨切发现，橡木木屑滑移角无明显差异。

图4-4 高温热处理前后橡木刨切木屑（Dolny et al.，2011）（彩图请扫封底二维码）

a. 未处理材木屑；b. 热处理材木屑

高温热处理温度对处理材的刨切质量和等级具有影响。de Moura等（2011）以桉木和洪都拉斯加勒比松为实验对象，研究了不同的热处理温度和切削前角对刨切质量的影响，并使用ASTM D1666–2017对加工表面进行了等级评价，如图4-5和图4-6所示。研究结果表明，随着热处理温度的增加，加工表面质量等级也

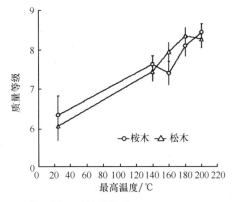

图4-5 温度对刨切质量的影响（de Moura et al.，2011）

在增加，且较低的切削前角能加工出更好的表面质量，当切削前角为15°时加工质量最好。经热处理的木材切削阻力更小，更不易发生劈裂、毛刺等加工缺陷。与未热处理的木材相比，处理后的木材加工后表面质量更稳定。Stewart（1980）的研究表明，较高的平衡含水率很难获得较好的加工质量，因此热处理材的低平衡含水率是改善刨削质量的一个主要因素。

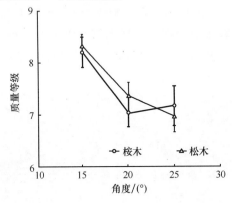

图4-6　刨切前角对刨切质量的影响（de Moura et al.，2011）

高温热处理前后木材刨切的能耗也具有差异。Hlaskova等（2015）研究了刨切热处理材与能耗的关系，在相同刨切加工条件下，随着热处理温度的升高及热处理时间的延长，刨切所需能耗在降低；刨切厚度越小，其能耗也越低（Hacibektasoglu et al.，2017；Kubs et al.，2017）。Krauss等（2016）对欧洲赤松在饱和蒸汽环境下分别用130℃、160℃、190℃和220℃处理，然后分析了热处理温度和刨切参数对能耗的影响。图4-7比较了欧洲赤松未处理材和220℃热处理材在切削厚度为2mm时的能量消耗，从图4-7中可以看出，热处理材的刨切能耗低于未处理材。Hacibektasoglu等（2017）对200℃热处理1h、2h、3h、4h、5h、

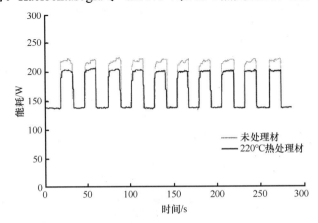

图4-7　欧洲赤松木材热处理前后刨切能耗对比（切削厚度为2mm）（Krauss et al.，2016）

6h的欧洲山毛榉木和未处理的欧洲山毛榉木进行了刨切，转速为4567r/min，进给速度为10m/min，研究发现，未处理材刨切能耗多于热处理材，同时刨切能耗与热处理时间为线性负相关，如图4-8所示。

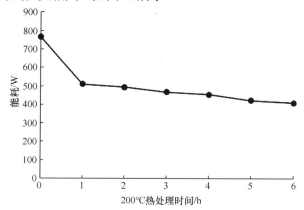

图4-8　热处理时间对榉木刨削能耗的影响（Hacibektasoglu et al.，2017）

刨切工艺参数对刨削质量也有重要影响，切削量越大、进料速度越快，热处理材的能耗越高。图4-9中欧洲赤松木材热处理温度与切削量对刨削能耗的影响表明，热处理温度越高刨切能耗越小，切削量越大能耗越大（Krauss et al.，2016）。图4-10为进给速度对热处理欧洲山毛榉刨削能耗的影响（Kubs et al.，2016），从图中可以得出，相同进给速度的情况下，热处理材比未处理材刨削能耗小，进给速度越快，刨切能耗越高。

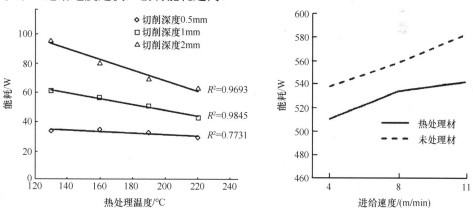

图4-9　欧洲赤松木材热处理温度与切削量（切削　图4-10　进给速度对热处理欧洲山毛榉木刨
深度）对刨削能耗的影响（Krauss et al.，2016）　　削能耗的影响（Kubs et al.，2016）

在所有刨切参数中，刨切前角对能耗的影响最小，进给速度、转速及热处理温度对能耗的影响较大。热处理材物理和力学性能的改变是引起上述能耗变化的原因，尤其是热处理使木材脆性增加，使样品更容易破裂和粉碎。此外，热处理材刨切表面粗糙度小于未处理材（de Moura et al.，2011），热处理材表面更加光滑。

4.1.3　铣削性能

对高温热处理材进行铣削时，热处理材由于强度和硬度的变化，更容易受到机械破坏，应使用锋利的刀具进行加工，减少加工表面的毛刺和撕裂等加工缺陷，合适的铣削角度和铣削速度也会影响铣削结果。当铣削方向与木材纹理方向垂直时铣削难度更大，当刀具进入或离开工件时木材的头部或端部会出现严重的撕裂。对热处理材产品的铣削类似于对硬而脆的阔叶材的铣削，加工顺序对最终产品的质量影响很大，铣削必须放在刨切之后进行。对热处理材加工时，刀具的磨损速度比铣削未处理材的慢。

丁涛等（2012）对比了柞木在185℃温度下处理1.5h前后木材铣削加工的刀具温度、木材表面粗糙度和粉尘粒径，结果表明加工热处理材的刀具温度低于未处理材的（图4-11），表明热处理材对铣削刀具的摩擦力相对较小，有助于降低刀具的磨损速率，提高刀具加工的稳定性。处理材加工表面粗糙度高于未处理材（表4-1），与刨切表面粗糙度的变化趋势一致。无论是顺纹铣削，还是横纹铣削，高温热处理材加工过程产生的粉尘粒径均小于未处理材。细粉尘对人体更具危害性，粉尘粒径越小对人体的危害越大。粒径超过10μm的粉尘可通过鼻毛吸留，也可通过咳嗽排出人体，粒径小于10μm的粉尘可随人的呼吸沉积肺部，甚至可以进入肺泡、血液。粉尘粒径为0.5～2μm的高密度粉尘最容易被吸入并在肺泡区沉着。在热处理材铣削加工前可通过调湿处理增加含水率，同时配备高效粉尘吸集装置以改善工人的工作环境。

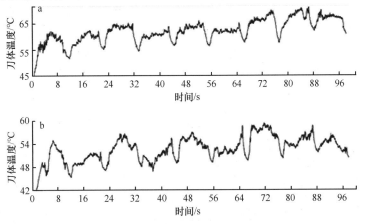

图4-11　柞木热处理材与未处理材铣削加工时刀具的温度变化（丁涛等，2012）
a. 对照材；b. 热处理材

表4-1 柞木热处理材与未处理材铣削加工时的表面粗糙度

试材	轮廓算术平均偏差/μm	轮廓最大高度/μm
对照材	15.2±5.6	72.42±23.1
热处理材	16.22±5.5	73.52±20.1

Barcik和Gašparík（2014）和Kvietkova等（2015）对190℃处理1h前后欧洲山毛榉木在不同刀具转速、切削速度、进给速度和不同切割角的条件下的铣削加工过程中粉尘粒径进行了研究，结果表明，高温热处理的欧洲山毛榉木铣削粉尘粒径小于未处理欧洲山毛榉木，未处理欧洲山毛榉木中最常见的铣削木屑粒径为2~5mm和5~8mm，调查样品中低于125μm的粉末部分不到1%。高温热处理欧洲山毛榉木中最常出现的铣削木屑粒径为0.5~1mm，125μm以下粉末木材颗粒的比例不到4%。热处理材在不同铣削加工条件下产生的木屑大小和粒径分布存在差异，在设计排风系统中需要考虑这一因素，其中进给速度和铣削速度对木屑大小和分布的影响最大，进给速度对最大木屑的百分比影响最大，铣削速度对最小木屑的百分比影响最明显。

Ispas等（2016）对欧洲山毛榉木在200℃热处理2.5h，在不同的铣削速度、进给速度、切削厚度下，比较了热处理前后木材的铣削能耗和铣削后木材的表面粗糙度，结果表明，因热处理材的强度有降低趋势，故铣削时需要的能耗小，同时铣削能耗随铣削速度、进给速度、切削厚度的增加而增加。

Budakci等（2013）对欧洲赤松（*Pinus sylvestris*）、东方山毛榉（*Fagus orientalis*）、乌鲁达冷杉（*Abies bornmulleriana*）、岩生栎（*Quercus petraea*）木材在140℃、160℃下分别热处理3h、5h、7h，并用星形和梯形刀片在铣床上进行加工，如图4-12所示，切削转度为6000r/min，进给速度为4m/min，切削量为1mm。结果表明，热处理后木材的表面粗糙度减小，刀片形状对表面粗糙度无显著影响。同时确定了木材种类、刀片类型、热处理温度和热处理时间的交互作用对木材表面粗糙度的影响不显著。140℃和160℃热处理材加工表面粗糙度大于未

图4-12 梯形（a）和星形（b）刀片铣削加工（Budakci et al.，2013）（彩图请扫封底二维码）

处理材。

　　Kubs等（2017）对欧洲黑松在160℃、180℃、210℃和240℃下处理4h后进行铣削，并对不同进给速度、切削速度和铣削前角时的铣削能耗进行测量，研究结果表明，当热处理温度高于160℃时与未处理材相比能耗开始发生变化，随着热处理温度的升高，能耗持续降低，当热处理温度为240℃时，能耗最低，较未处理黑松木能耗减少了26.9%（图4-13）；随着进给速度的增加，铣削能耗呈线性增长的趋势（图4-14），这是因为随着进给速度的增加，单位时间内加工的木材量增多，从而导致能耗增加；同时，切削速度越大，所需的铣削能耗越多，在切削速度为30～40m/s时，能耗增长最多（图4-15）。此外，铣削前角也是影响能耗的重要因素，图4-16为刨切前角对热处理美国黑松刨削能耗的影响，结果表明，能耗随着刨切前角的增加而降低。这些参数中，铣削前角对能耗的影响最小。

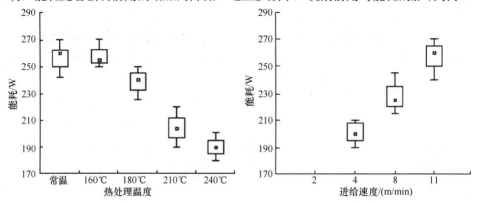

图4-13　热处理温度对美国黑松刨切能耗的影响　图4-14　进给速度对美国黑松刨削能耗的
　　　　　（Kubs et al.，2017）　　　　　　　　　　　　影响（Kubs et al.，2017）

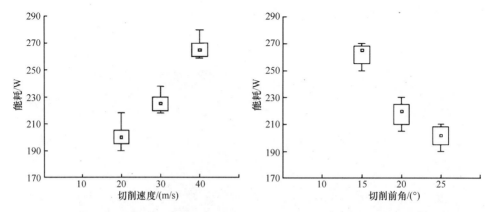

图4-15　切削速度对美国黑松刨切能耗的影响　图4-16　刨切前角对热处理美国黑松刨削能
　　　　　（Kubs et al.，2017）　　　　　　　　　　　　耗的影响（Kubs et al.，2017）

Wilkowski等（2011a）对高温热处理前后的橡木铣削力进行了研究，对比了两者分别用数控机床和手动铣削机铣削时的切削力、法向力、能耗等，结果表明高温热处理橡木用数控机床铣削需要的切削力小，而手动铣削机铣削时需要的法向力和能耗更小。

4.1.4 砂光性能

高温热处理材经刨、铣工序可获得比较良好的表面质量，对表面要求更高的情况下可对热处理材进行砂光。热处理材非常容易砂光，砂纸也不会被树脂堵塞。砂光过程中会产生很多细小的粉尘，因此对除尘系统有较高的要求，且需要注意粉尘在特定情况下会有爆炸的危险。木材热处理前后的砂光性能变化趋势与刨切、铣削等加工性能的变化趋势相似。

高温热处理温度和砂纸粒径对砂光表面质量具有显著影响。Stewart（1980）对桉树（*Eucalyptus robusta*）和洪都拉斯加勒比松（*Pinus caribaea* var. *hondurensis*）木材进行高温热处理并砂光的表明，随着热处理温度的增加，木材表面粗糙度呈增加的趋势，如图4-17所示。Ratnasingam和Ioras（2012）的研究表明，橡胶木（*Hevea brasiliensis*）热处理后细小粉尘的比例大大增加，这些主要是由于热处理后木材表面的强度下降，使砂带上的研磨粒更容易深入到木材内部。图4-18是砂带目数对热处理桉木和洪都拉斯加勒比松木材砂光表面粗糙度的影响，当从80目增加到100目时，表面粗糙度有明显的降低，提高了砂光质量，当目数增加到120目时，与100目时相比表面粗糙度没有明显的改善。如果需要对砂光后的产品进行胶合加工，推荐使用80目的砂带。

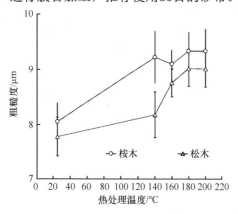

图4-17 热处理温度对桉木和洪都拉斯加勒比松木材砂光表面粗糙度的影响（Stewart，1980）

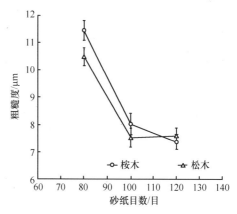

图4-18 砂带目数对热处理桉木和洪都拉斯加勒比松木材砂光表面粗糙度的影响（Stewart，1980）

Wilkowski等（2011b）对高温热处理橡木进行了砂光处理，研究结果表明，热处理橡木砂光摩擦系数更小。

4.1.5　钻孔性能

Wilkowski等（2010）和Wilkowski等（2011c）利用数控机床对在165℃下热处理4h的岩生栎、欧洲白蜡（*Fraxinus excelsior*）及其未处理材在轴向和径向方向上进行钻孔（如图4-19示意），并用压力传感器测量钻孔过程中的轴向力和扭矩，结果表明高温热处理的橡木、白蜡木比未处理材在钻孔过程中需要更大的轴向力和更小的扭矩，且轴向力和扭矩的变化趋势在不同的进给方向均相同（图4-20）。

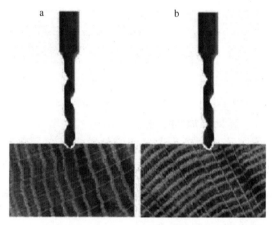

图4-19　进给方向平行于年轮和垂直于年轮钻孔的方向（彩图请扫封底二维码）

a. 进给方向平行于年轮方向；b. 进给方向垂直于年轮方向

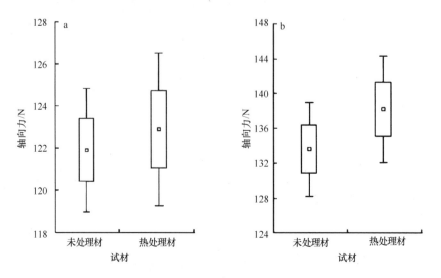

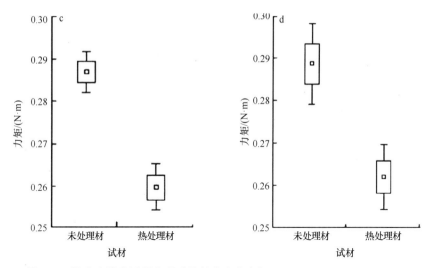

图4-20　橡木在钻孔过程中所受的轴向力和力矩（Wilkowski et al.，2011c）

a. 垂直于年轮方向时热处理前后木材受到的轴向力；b.平行于年轮方向时热处理前后木材受到的轴向力；
c. 垂直于年轮方向时热处理前后木材受到的力矩；d. 平行于年轮方向时热处理前后木材受到的力矩

4.1.6　高温热处理对马尾松机械加工性能的影响

为了分析热处理对机械加工性能的影响，本节对热处理与未处理马尾松木材刨切、车削、砂光、成型、开榫和钻孔等六项机械加工性能进行了测试与综合评价，并且与未处理材的机械加工性能进行了比较。热处理材处理条件为在200℃下处理3h。

4.1.6.1　试验材料

马尾松及其热处理材尺寸为1220mm（顺纹长度）×150mm（宽度）×25mm（厚度），每个试样数量均为30个。试样机械加工分配如图4-21所示；试件尺寸和数量见表4-2。

图4-21　试样机械加工分配图

表4-2　机械加工性能试验的试件尺寸和数量

试验项目	试件尺寸 （顺纹长度×宽度×厚度）	试件数量/个
刨切	910mm×140mm×25mm	30
车削	410mm×35mm×35mm	30
砂光	910mm×140mm×25mm	30
成型	410mm×80mm×20mm	30
开榫	410mm×100mm×25mm	30
钻孔	410mm×100mm×25mm	30

4.1.6.2　试验设备和方法

刨切　使用日本制造的KUW-500F1型自动进料两面刨床，根据美国材料试验协会（ASTM）标准要求在刨切时一次只加工一个面（ASTM D1666–2017），因此在加工中只使用了设备的上刀轴。在刨切过程中，保持刀具参数不变，切削前角为20°，刀片数为3，刀具楔角为39°，刀轴转数为5000r/min。切削厚度为0.8mm，每厘米刀痕数为19。根据公式：进给速度=（0.305×刀片数×刀轴转数）/（KMPI×12），得出进料速度为7.94m/min。

砂光　使用SANDINGMASTER宽带双架砂光机，自动进料速度5.8m/min，每次打磨厚度0.5mm，用80目砂纸砂第一遍，然后用120目砂纸砂第二遍。

成型　使用MX7320直形仿型台铣，手工进给，主轴转速为8000r/min，先将试件按所需成型的形状画线，然后用细木工带锯（也称线锯）加工出外部轮廓，然后在铣床上一次铣削成型。每个试件均采用逆铣成型方式。

车削　使用MCL3040型仿形木工车床，采用直齿刀和靠模配合进行车削加工，主轴转速为2170r/min，纵向刀架进给速度为6m/min，最大加工量为8.5mm。采用一次成型加工。

钻孔　采用日本日立B13S型台钻，带有沉割刀钻头，主轴转速为3600r/min，钻头直径20mm，钻头垂直于试件表面，进料均匀缓慢，加工时在试件下面垫同一种树种的板材，尽量使其与试件紧密接触。

开榫　使用MK362A型立式单轴连续榫眼槽机，主轴转速为2400r/min，试验时先用直径为9mm的钻头加工圆孔，再用10mm的方凿把圆孔加工成方孔，加工时尽可能使榫眼两边垂直于木材纹理，且另外两边平行于木材纹理。在加工时试件下面用同种树种的木材作为垫板，并尽可能使其与试件之间紧密接触。

4.1.6.3　机械加工性能的评价标准

参照标准ASTM D1666–2017，对落叶松、扁柏和柳杉木材的主要加工性能进行测试，依据加工试件产生缺陷的破坏程度，以及缺陷对后续加工可能造成的影响水平，将试件的加工质量分为5个等级，见表4-3。

表4-3　木材热处理前后机械加工性能评价等级

等级	性能	评分	描述
1	优	5	不存在缺陷
2	良	4	存在极其轻微缺陷，可通过砂纸轻磨消除
3	中	3	存在较大的轻微缺陷，可通过砂纸打磨消除
4	较差	2	深、大缺陷，很难消除
5	极差	1	限制使用

然后采用加权积分，即1级为5分，2级为4分，3级为3分，4级为2分，5级为1分，分别乘以各自的占比，得到的和即为该项加工性能的质量等级值，并以此来比较不同加工条件下各项性能指标的优劣，进一步将其划分为五等：优（>4～5分）、良（>3～4分）、中（>2～3分）、差（>1～2分）和劣（0～1分）。

4.1.6.4　试验结果和分析

马尾松热处理材与未处理材的机械加工性能测试结果见表4-4和表4-5。

表4-4　马尾松未处理材的机械加工性能测试结果

机械加工性能	各等级占比/%					质量等级评分
	1级	2级	3级	4级	5级	
刨切	37.50	62.50				4.38
砂光	81.25	18.75				4.81
成型	100.00					5.00
车削	86.36	4.55	4.55	4.55		4.73
钻孔	38.64	45.45	15.91	4.55		4.32
开榫		20.45	68.18	11.36		3.09

表4-5　马尾松热处理材的机械加工性能测试结果

机械加工性能	各等级占比/%					质量等级评分
	1级	2级	3级	4级	5级	
刨切	62.07	13.79	10.34	13.79		4.24
砂光	83.33	16.67				4.83

机械加工性能	各等级占比/%					质量等级评分
	1级	2级	3级	4级	5级	
成型	70.59	11.76	17.65			4.53
车削	41.94	38.71	12.90	6.45		4.16
钻孔	65.57	27.87	6.56			4.59
开榫		56.67	38.33	3.33	1.67	3.50

（1）刨切性能

从表4-4和表4-5可知，马尾松未处理材与热处理材的刨切质量等级值分别为4.38和4.24，都属于1级；其中热处理材的刨切性能质量等级稍低。图4-22和图4-23分别是马尾松木材的刨切性能的1～4级，从表面加工质量来看，试件中出现削片痕、轻度沟痕和较严重沟痕。

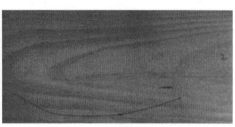

　　　　1级　　　　　　　　　　　　　　　　2级

图4-22　马尾松未处理材刨切性能（彩图请扫封底二维码）

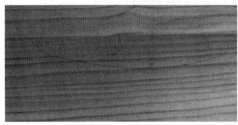

　　　　1级　　　　　　　　　　　　　　　　2级

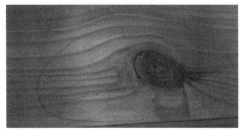

　　　　3级　　　　　　　　　　　　　　　　4级

图4-23　马尾松高温热处理材各级刨切性能（彩图请扫封底二维码）

（2）砂光性能

从表4-4和表4-5可知，马尾松未处理材与热处理材的砂光质量等级值分别为4.81和4.83，均为1级，热处理材砂光质量略微好于未处理材。马尾松未处理材砂光性能如图4-24所示。

1级   2级

图4-24 马尾松未处理材砂光性能（彩图请扫封底二维码）

（3）成型性能

从表4-4和表4-5可知，马尾松未处理材与热处理材的成型质量等级值分别为5.00和4.53；未处理材和热处理材的成型性能均为优，其缺陷主要是加工面的毛刺（如图4-25和图4-26所示），该缺陷可经过砂光而减少。

图4-25 马尾松热处理材与未处理材成型性能对比（彩图请扫封底二维码）

图4-26 马尾松热处理材不同等级的成型性能（彩图请扫封底二维码）

（4）车削性能

从表4-4和表4-5可知，马尾松未处理材与热处理材的车削质量等级值分别为4.73和4.16；未处理材车削性能略好于处理材，但均属于优，其主要缺陷为毛刺、崩茬等缺陷，如图4-27和图4-28所示。

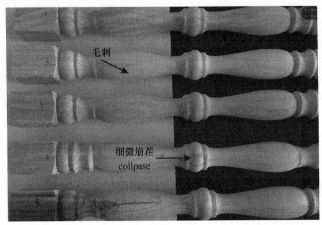

图4-27　马尾松未处理材车削性能1（1～5级）（彩图请扫封底二维码）

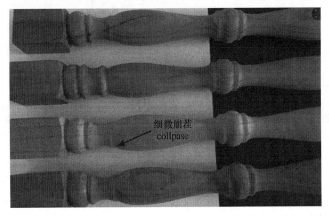

图4-28　马尾松热处理材车削性能（1～5级）（彩图请扫封底二维码）

（5）钻孔性能

从表4-4和表4-5可知，马尾松未处理材与热处理材的钻孔质量等级值分别为4.32和4.59，钻孔性能均属于1级，其缺陷主要出现在孔的下沿，表现为毛刺与崩茬，如图4-29所示。与其他树种木材钻孔性能类似，在钻孔转速与进给量相同时，木材密度较低的加工质量较好，即热处理材的钻孔性能略好于未处理材，如图4-29与图4-30所示。孔上周缘的加工质量明显优于下周缘，下周缘经常出现轻微毛刺缺陷。家具制作过程中，大多钻盲孔，并不需要穿孔，因此圆孔不会出现下周缘的各种缺陷，则钻孔的质量等级将会大大提高。

图4-29 马尾松未处理材钻孔性能（彩图请扫封底二维码）

图4-30 马尾松热处理材钻孔性能（彩图请扫封底二维码）

（6）开榫性能

从表4-4和表4-5可知，马尾松未处理材与热处理材的开榫质量等级值分别为3.09和3.50。它们的开方孔性能均属于良，其缺陷主要出现在孔的下沿，表现为毛刺与崩茬，如图4-31和图4-32所示。与其他树种木材钻孔性能类似，在钻孔转速与进给量相同时，木材密度较低的加工质量较好，即热处理材的钻孔性能略好于未处理材。此外，孔上周缘的加工质量明显优于下周缘，下周缘经常出现轻微毛刺缺陷。家具制作过程中，大多钻盲孔，并不需要穿孔，因此圆孔不会出现下周缘的各种缺陷，则钻孔的质量等级将会大大提高。

图4-31 马尾松未处理材榫眼性能（彩图请扫封底二维码）

从表4-4和表4-5可知，马尾松未处理材与热处理材的机械加工性能，除了开榫机械加工性能属于良之外，其他5项机械加工性能均属于优；平均质量等级值分别为4.39和4.31，属于优，热处理材与未处理材有相同优良的机械加工性能。因此，热处理对木材机械加工性能影响很小。

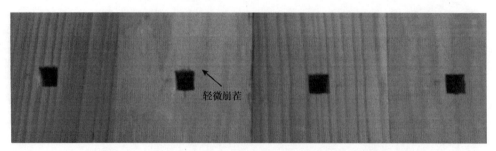

图4-32　马尾松热处理材榫眼性能（彩图请扫封底二维码）

4.2　胶合性能

　　高温热处理后木材的化学、物理和结构性能的变化也会影响木材表面的胶合性能。一方面，热处理材的羟基含量降低，使处理材的平衡含水率降低，进而改善热处理材的尺寸稳定性，使胶黏剂固化过程中收缩或膨胀引起的应力减小，有利于增强胶合性能。另一方面，高温热处理后木材的表面附着力降低，亲水性下降，不利于胶黏剂的流动、润湿、渗透和固化，对形成胶钉和机械啮合有负面影响。热处理材的吸湿性降低，也影响胶黏剂在其表面的分布及胶黏剂对其表面空隙的渗透。除此之外，木材的pH是另一个影响胶合过程的因素，木材表面pH的变化可能会阻滞或加速胶黏剂的固化。International ThermalWood Association（2003）研究表明，木材热处理后，其pH下降，可能会影响胶黏剂的固化。Gérardin等（2007）研究了木材的表面能，发现高温热处理后表面能略有下降，主要是由于高温热处理后酸性成分含量减少而使范德华力发生轻微变化。

　　高温热处理材胶合与未处理材胶合相同，在胶合过程中都必须注意正确的胶合环境，包括木材温度、含水率、表面清洁度、周围空气的温度和湿度等。低温热处理材对木材羟基的含量、浸润性、渗透性等影响较小，因此胶接效果好于高温热处理的木材。高温热处理材由于脆性比未处理材要高，胶接时不能使用高压加压。热处理材化学成分的变化（主要是羟基的减少）导致木材表面能的减少，从而降低了木材的润湿性，如图4-33所示。因此，可以预测，用极性胶黏剂或在水中分散或溶解的胶黏剂胶接高温热处理材会导致弱胶接强度。此外，由于木材成分的热分解，导致木材纤维基质之间的接合力降低，从而使木

图4-33　热处理材润湿性测试
（彩图请扫封底二维码）

材强度下降，因此，即使胶线本身没有被破坏，也会导致高温热处理材本身过早失效。

热处理材在胶合过程中需要注意的方面与未处理材基本相同。Pincelli等2002年使用3种常见的胶（苯酚-间苯二酚甲醛、改性的聚醋酸乙烯酯和脲醛树脂）研究了在120℃和180℃之间的热处理对胶合强度的影响，结果表明，上述胶黏剂可以与经高温热处理的木材进行胶接。芬兰研究人员用单组分和双组分聚氨酯胶黏剂研究了ThermoWood工艺热处理材产品的胶合性能，并用显微镜观察了胶合情况（胶合剪切强度试件尺寸和形状如图4-34所示），结果表明，高温热处理材的胶合性能随着热处理温度的升高而降低。Dilik和Hiziroglu（2012）对热处理后的美国东部红雪松木用PVAc胶对胶合性能的研究得到同样的结论，并指出热处理可以提高木材的表面粗糙度。

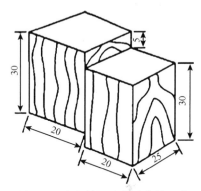

图4-34 胶合剪切强度试件的尺寸（单位：mm）和形状

根据固化方式的不同，可将胶黏剂分为溶剂挥发型、化学反应型和冷却冷凝型，见表4-6。

表4-6 胶黏剂按固化方式分类

胶黏剂类型		固化方式	胶黏剂品种
溶剂挥发型	溶剂型	水	淀粉、羧甲基纤维素（CMC）、聚乙烯醇（PVA）
		有机溶剂	氯丁二烯橡胶溶剂型、聚醋酸乙烯
	乳液型		聚醋酸乙烯酯乳液（PVAc）
化学反应型	两液型	催化剂	脲醛树脂（UF）、三聚氰胺树脂（MF）
		加成反应	环氧树脂、间苯二酚树脂（RF）
		交联反应	水性高分子异氰酸酯、反应型乳液
	一液型	热固	加热固化型酚醛树脂（PF）、三聚氰胺树脂
		抢夺反应	聚氨酯（PUR）树脂、α-烷基氰基丙烯酸酯
		其他反应	光化学反应型树脂、厌氧型固化树脂
冷却冷凝型			骨胶、热熔胶

因热熔胶在木材中使用的品种较少，故在本节中仅介绍在热处理材中使用较多的溶剂挥发型胶黏剂和化学反应型胶黏剂。

4.2.1　溶剂挥发型胶黏剂

由表4-6可知，溶剂挥发型胶黏剂包含溶剂型和乳液型两种，高温热处理材与未处理材料类似，可以使用溶剂挥发型胶黏剂，其中白乳胶（聚醋酸乙烯胶黏剂，PVAc）应用较广泛。由于热处理材产品对水分和水性胶黏剂（如PVAc）的吸收较慢，这就需要使用水性胶黏剂时压缩的时间较长。在使用PVAc时，胶黏剂中的含水量应尽量减少，因为高温热处理过程改变了木材吸附水的能力，对水和胶黏剂的吸收速率均有下降，PVAc需要依靠木材吸收水分而使胶黏剂固化，因此会导致使用PVAc的固化时间延长，因此使用时应尽量降低胶黏剂的含水率。

Percin等（2014）分别对在150℃、175℃、200℃下处理2h的东方山毛榉、岩生栎、欧洲赤松和黑杨（*Populus nigra*），利用PVAc为胶黏剂按照BS EN 204的工艺标准进行胶合，研究了胶合板的胶合强度，结果表明，热处理板的胶合强度降低，且最低和最高胶合强度分别出现在热处理为150℃和200℃时，其中热处理橡木与PVAc的胶合性能最好。德国工艺热处理的欧洲赤松和云杉的胶合性能表明，云杉热处理材能获得很好的胶合，但是对于吸油量高的油热处理的松木，只有改性胶黏剂才能得到较好的胶合。

4.2.2　化学反应型胶黏剂

由表4-6可知，化学反应型胶黏剂可分为催化剂、加成反应、交联反应、热固、抢夺反应等型。如脲醛树脂（UF）、酚醛树脂（PF）、三聚氰胺树脂（MF）、异氰酸酯胶黏剂（MDI）、水性高分子异氰酸酯（EPI胶黏剂）和聚氨酯（PUR胶黏剂）等均可应用于高温热处理材的胶接，并可以像胶接未处理材一样保持固化时间等压缩参数不变。

聚氨酯胶黏剂对高温热处理材产品的胶接情况良好，但在胶接前需要控制热处理材的含水率及胶接环境的温湿度，因为PUR胶黏剂的固化需要水分，水分可以来源于木材，也可以来源于空气。如果热处理材和空气都非常干燥，则会存在胶接不成功的可能。

顾炼百等（2010）使用聚氨酯胶和白乳胶胶接经热处理的白桦、落叶松和樟子松，根据日本胶合木测试标准JAS 234–2003测试了热处理温度对胶合性能的影响。其研究结果表明，热处理温度越高胶层剪切强度越低，且阔叶树材的下降幅度显著大于针叶树材，如图4-35和图4-36所示。这首先是由于木材经高温热处理后，其半纤维素和纤维素无定形区降解，无定形多糖损失，此外，木材加热过程中，木质素重新定位（易位），引起木材脆性增加。阔叶树材中易降解的半纤维素的含量高于针叶树材，因此，脆性的增加比针叶树材明显。其次，木材经高温热处理后，木材中吸湿性的羟基大幅度减少，引起木材的吸湿性及平衡含水率显著降低。白乳胶和聚氨酯胶均能与上述三种热处理材进行很好的胶合，但热处理温度对白乳胶的影响大于聚氨酯胶，胶合试件的浸渍剥离率或煮沸剥离率皆为零。再次，树种本身的固有强度也是影响胶合强度的重要因素，桦木的胶合剪切强度明显高于落叶松和樟子松。

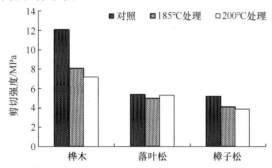

图4-35　热处理温度对白乳胶胶合试件剪切强度的影响（顾炼百等，2010）

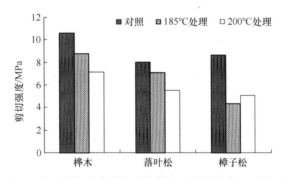

图4-36　热处理温度对聚氨酯胶胶合试件剪切强度的影响（顾炼百等，2010）

芬兰国家技术研究中心（VTT）根据DIN 68603标准选用单组分和双组分聚氨酯（PU）胶黏剂、RF胶黏剂和水性高分子异氰酸酯（EPI）胶黏剂测试了ThermoWood热处理材的胶合性能，根据EN 392标准测试了其胶合试件剪切强度，根据EX 302-2获得其耐水性能，并使用显微镜观察了胶黏剂渗入ThermoWood热处理材内部的微观情况。实验结果发现，胶合能力取决于热处理等级，胶线的剪切强度会随着热处理温度的上升而下降，这是由于热处理温度的上升会导致木材强度的下降，绝大多数（90%～100%）的剪切破坏都发生在木材本身而不是胶层。EPI胶黏剂呈温和碱性，长时间冷压几个小时能够促使胶黏剂渗透进热处理材内部，有利于提高胶合强度。在实际的高温热处理材生产胶合梁的过程中，使用正常的压力和压制时间等生产参数，改性酚醛树脂（MPF）胶黏剂和RF都能起到很好的胶接效果，MPF胶还能用于制备高温热处理指接材（International ThermalWood Association，2003）。

　　Sernek等（2007）研究了Plato工艺中未处理、水热处理和高温热处理云杉木和白杨木与MPF、间苯二酚甲醛（PRF）胶黏剂和PUR的胶合情况，得出高温热处理影响了层压木材的剪切强度，且胶黏剂的类型对结果也有显著影响，PUR和MPF胶黏剂均表现出比PRF胶黏剂更好的性能，且胶接处理材比胶连未处理材的性能更好。从胶合层压板的剪切强度和分层情况可知，PUR能够满足未热处理和高温热处理的挪威云杉木及高温热处理白杨木的胶合要求，而MPF能够满足未处理和水热处理的云杉木及高温热处理白杨木的胶合要求，而PRF仅能满足未处理和水热处理的云杉木的胶合要求，胶黏剂的低pH（PRF）和润湿性（PRF和MPF）是造成这种差异的主要原因。

　　Ozcan等（2012）利用三聚氰胺-尿素甲醛胶黏剂和白乳胶研究了高温热处理后橡木、榉木、松木和杉木的胶合性能，结果表明，4种木材胶合性能从大到小依次为橡木、榉木、松木和杉木，木材的密度和解剖结构对胶合质量和胶合强度有很大影响，同时热处理时间和温度的增加会减少木材的胶合强度，且白乳胶的胶合能力强于三聚氰胺-尿素甲醛胶黏剂。这4种木材使用白乳胶进行胶合，其性能够满足进一步的加工生产。

　　Chow和Pickles（1971）研究了酚醛胶黏剂的抗剪强度，发现，随着温度和处理时间的增加，热处理材胶结强度降低，木材本身失效比例增加。Chang和Keith（1978）用脲醛树脂胶接热处理后的白杨、山毛榉、枫木和榆木试件，发现随着高温热处理温度和处理时间的增加，胶线的剪切强度降低了，其中白杨的剪切强度高于其他树种，但木材破坏率仍然比较高。Bengtsson等（2003）将松木和云杉木样品在220℃的高温下加热5h，使用PRF和PVAc胶黏剂胶合热处理后的木材制备胶合木，结果表明，与PVAc黏接的试件性能极差，但PRF黏接试件表现出良好的效果，在剥离试验中只有少量的高温热处理松木制胶合松木梁失效。

　　刘明利等（2015）使用异氰酸酯胶黏剂、脲醛胶和醋酸乙烯-乙烯共聚（VAE）乳液作为胶黏剂，对在缺氧条件下进行高温热处理的落叶松、榆木和水曲柳进行胶合，测试结果表明，VAE乳液的胶合性能最好，异氰酸酯胶黏剂次之，脲醛胶最差，见表4-7。上述3种木材经缺氧高温热处理后，其胶合性能均有不同程度的降低，针叶材落叶松下降幅度比较小，阔叶材榆木和水曲柳下降幅度比较大，与顾炼百等（2010）的研究结果相同。

表4-7 榆木缺氧高温热处理材胶合试件剪切强度（刘明利等，2015）

试验编号	热处理温度/℃	热处理时间/h	蒸汽预处理时间/h	榆木剪切强度/MPa		
				VAE乳液	脲醛胶	异氰酸酯胶黏剂
1	180	2	0	7.932	2.152	6.566
2	180	4	3	7.338	2.286	6.730
3	180	6	6	7.516	2.238	7.036
4	200	2	3	7.660	2.412	5.700
5	200	4	6	6.752	2.438	6.650
6	200	6	0	5.300	1.196	4.890
7	220	2	6	6.468	1.716	4.998
8	220	4	0	6.282	1.164	5.924
9	220	6	3	5.150	1.284	4.182
空白				9.048	3.048	7.798

Kol等（2009）用酚醛胶黏剂、三聚氰胺尿素甲醛、三聚氰胺甲醛树脂（MUF）、聚氨酯（PUR）、尿素甲醛胶黏剂与高温热处理前后的松木制成双层板，研究胶合板的胶合性能和剪切强度，结果表明，这些胶黏剂能够胶合松木板，但高温热处理板的剪切强度小于未处理板，其中三聚氰胺尿素甲醛（UF）胶黏剂受热处理的影响最小，研究指出因PF胶黏剂的成本较其他室外用级别的胶黏剂低，因此可作为露天使用首选，而PUR因使用方便，可作为露天使用时的胶黏剂。Kol和Özbay（2016）还对高温热处理前后杉木和榉木在MPF、MUF、PF、PUR胶黏剂下的胶合性能和耐水性能进行了研究，结果表明，高温热处理会降低木材的剪切强度，随着热处理温度的增加，剪切强度减小，浸泡和煮沸对未热处理材强度的减少量大于高温热处理的减少量，同等条件下，热处理榉木的黏接性能优于杉木。

Poncsák等（2007）对热处理前后的4种木材：欧洲赤松（Pinus sylvestris）、欧洲山杨（Populus tremuloides）、北美鹅掌楸（Liriodendron tulipifera）和北美短叶松（Pinus banksiana）与两种结构胶黏剂（PRF和PUR）的胶合强度和循环剥离进行了研究，发现，松木的胶合强度优于杨木，PUR对热处理的北美鹅掌楸木和欧洲山杨木胶合效果好，除此之外，4种未处理材和两种胶黏剂间胶合强度均优于热处理材，这是因为热处理会降低木材密度和表面的极性化学基团，导致热处理材会降低木材与胶黏剂间的胶合强度和耐久性，研究发现欧洲山杨木对PRF的附着力较差。

除热固型胶黏剂外，也可以使用热塑型高分子对高温热处理材进行胶合。Follrich等（2006）使用非极性的热塑性聚合物（聚乙烯）对高温热处理的欧洲云杉（*Picea abies*）木材进行胶合，并对胶接强度进行了研究，结果表明，在200℃下处理云杉会大大降低木材表面的亲水性，水滴与木板的接触角明显增加，热处理材表面与聚乙烯的胶接强度明显高于未处理材，且木材-热塑性胶黏剂的初始断裂力和断裂能随着热处理时间的增加而增加，而胶接剪切强度不受影响，这一研究结果表明热处理材与疏水性热塑性材料的胶合可不必添加增容剂。

4.3　连接性能

在日常使用高温热处理材产品时还会经常遇到热处理材之间及木材与其他材料相连接的情况，高温热处理材产品的连接方式与阔叶材类似，主要有直钉连接、螺钉连接、指接等。

4.3.1　直钉连接

钉接最好采用气钉的方式，但连接前必须调整好气钉的压力以确保钉子进入木材的深度合适，使用合适驱动深度的小型气钉枪就可以达到最好的效果，如图4-37所示。镀锌钉能够防止热处理材染色，不会发生金属与木材直接接触的情况，不会使锌层被破坏。为了防止木材劈裂，最好使用小圆头钉。

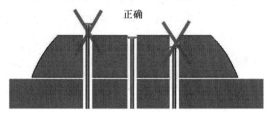

图4-37　正确钉连方式

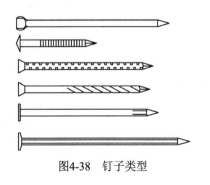

图4-38　钉子类型

当使用锤钉结合时，使用锤击容易造成木材开裂，因此在锤钉之前需用电钻配置相应直径的钻头进行预钻孔。钉子的类型对高温热处理材产品的钉接也有一定的影响，图4-38是几种适合连接高温热处理材产品的钉子。

4.3.2　螺钉连接

螺钉类型如图4-39所示，螺钉连接必须使用预钻孔，使用自动攻丝螺钉和沉孔螺钉或者预钻孔可以减少材料开裂，使用带沉头的不锈钢螺丝在外部使用或在其他潮湿的环境中非常重要。螺钉握钉力与木材的密度有很强的相关性，而与木材的高温热处理工艺关系不大。当木材密度比较低时，使用小的预钻孔可提高螺钉连接强度。为了避免使木材染上其他颜色并满足户外使用条件的要求，推荐使用不锈钢金属件。

在采用螺钉连接件时必须考虑螺钉连接件会造成劈裂强度和弯曲强度下降的情况，但设计公差要比未处理材小，在产品的最终生产之前需要进行严格的连接和产品细节测试。由于大节子（特别是横截面的大节子）周围缺少可以起胶黏作用的树脂，因此需避免螺钉与大节子相连接。

图4-39　螺钉类型

4.3.3　指接

高温热处理材在进行指接胶合时，推荐使用硬质合金刀具加工所需的指形，钝刀会造成指形撕裂，因此使用锋利的刀具比较关键，试验发现较慢的加工速度造成的指形撕裂较少。高温热处理可能会使部分木材翘曲，因此在指接前可以对木材进行预刨处理，预刨处理后结果较好，涂胶时在两个指面都要涂胶以确保节点牢固。塞伊奈约基理工学院用4种不同的胶黏剂（MPF、PVAc和两种PU胶黏剂）、3个不同的压缩时间（15s、30s和60s）和6个不同的压缩压力（1.3～7.8MPa）来测试ThermoWood热处理材产品的指接情况。测试结果显示，在所有的测量参数下节点都比较牢固，最大的压力为22MPa，是胶线所需压力的10多倍（International ThermalWood Association，2003）。

4.4　表面处理及涂饰性能

Tiemann在1920年的研究结果便表明，高温木材热处理的主要作用是降低平衡含水率，从而减少木材膨胀和收缩。高温热处理过程中，木材的重量会损失，平衡含水率降低，平衡含水率的降低取决于木材种类、温度、时间和处理类型。当未经保护处理的高温热处理材变湿并再次干燥时会导致开裂，这是由于表面和木材内部接合水存在差异，水分容易通过横截面渗透进入木材内部而导致开裂。

如果高温热处理材表面没有涂饰，则与未处理材相同，表面可能会形成开裂，水分从木材横断面渗透进入内部、太阳紫外线辐射等都会促使高温热处理材表面产生微裂纹，紫外线辐射还会导致高温热处理材的褪色。高温热处理在改善木材尺寸稳定性的同时，也改善了木材的耐腐性，抑制霉菌的产生或真菌的生长，并赋予木材表面独特的深褐色。在户外使用时，高温热处理材适用于窗户、门、露台地板、花园家具及其他建筑用途。

高温热处理材应像未处理材一样需进行表面处理及涂饰，以防止褪色和表面开裂。高温热处理材产品的表面涂饰性能与未处理材基材类似，均具有良好的涂饰性能，普通木材表面处理的说明和建议同样适用于热处理材，如涂漆前先涂上底漆并保护横截面不暴露在空气中。在大规格进行涂饰前，应首先在样品或小面积上进行测试。一般在热处理材产品完成最后的安装之前进行表面涂饰。通过涂饰暴露在雨水中的高温热处理材立面和其他木质结构的表面可以减少水分的渗透而减少开裂，尤其注意对产品的横截面进行密封。如果高温热处理材用于室外暴露环境，尤其是与土壤接触时，应在表面处理时加入防霉剂。

高温热处理材的表面处理应与户外使用相适应，同时避免高温热处理材与地面或水接触。在室内使用时，高温热处理材的尺寸稳定性将发挥重要作用，特别适合制作室内装饰品和家具，室内使用时也应进行涂饰等表面处理，涂饰后有利于保持表面清洁。

Huang等（2012）研究了未做表面处理的、在210℃下高温热处理前后的北美短叶松（*Pinus banksiana*）在人造阳光照射下的颜色变化和物理变化（如图4-40所示），结果表明，随着照射时间的增加，热处理材和未处理材颜色均逐渐变浅，在照射1500h后，未处理材和热处理材的颜色基本相同。同时可以观察到高温热处理材径向表面光滑且没有裂纹，当照射时间达672h时，高温热处理材切向表现开始出现裂纹，而未处理材在照射时间达1500h时才出现裂纹。Yildiz等（2013）的研究结果表明，热处理后的白蜡木、苏格兰松木和云杉木在照射1600h后，木材颜色变浅，而绿柄桑木的颜色变灰。

4.4.1　表面处理及涂饰对高温热处理材性能的影响

天气和生物损害主要是木材材性变化的主要原因。在天气方面包括光照和雨淋。木质素是一种能够保持树木细胞组织在一起的化合物，太阳紫外线辐射可分解木质素，使高温热处理材的表面变得更柔软、并逐渐深入木材内部。此外，强烈的光照还会在木材表面产生热浪，尤其是在比较暗的木材表面。另外，木材吸收雨水后会开裂，也有利于真菌和霉菌的生长，真菌能够分解木材细胞的组织，

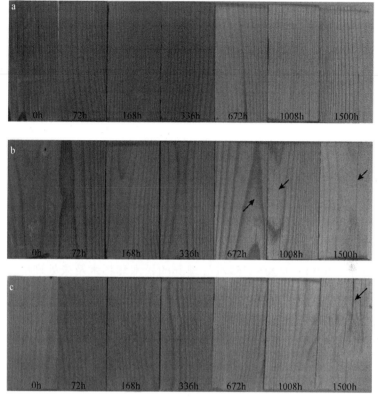

图4-40　人造阳光照射时间对北美短叶松的颜色和物理变化的影响（彩图请扫封底二维码）
a. 热处理材径切面；b. 热处理材弦切表面；c. 未处理材弦切面

导致高温热处理材力学性能下降，真菌和霉菌还会降低高温热处理材的表面美观性，而且难以修复。避免高温热处理材雨淋和阳光照射可以最大限度地减少表面侵蚀。表面处理及涂饰对高温热处理材性能的影响主要体现在以下几个方面。

4.4.1.1　对颜色的影响

太阳紫外线辐射可以快速改变未涂饰高温热处理材的颜色，几周后可以看到可见的颜色变化。紫外线辐射会分解木质素，木材长时间暴露于紫外线辐射会导致植物细胞壁中常见木质纤维素的分解，使木材的表面变得更软和力学性能更差。紫外线辐射每年会导致未涂饰热处理材表面0.01～0.1mm变成灰色和粗糙。

对高温热处理材进行表面处理时，受紫外线辐射影响的木质表面需要去除，否则涂刷在热处理材表面的油漆和其他涂层难以黏附在其表面，涂饰对高温热处理材的保护持续时间短，需要在较短的时间内再对表面进行维护。使用含颜料的半透明涂料对高温热处理材表面进行处理可以保护其免受紫外线辐射的危害，处理后颜色与未处理材也非常相似，且比透明涂料保护效果更好。在露台等室外环境使用时，不建议使用清漆，因为这些涂层可能会因湿度变化而开始剥落，从而在木材表面形成厚膜。不透明油漆涂饰可以更好地保护高温热处理材表面，面漆含有的颜料越多，保护持续的时间就越长，唯一缺点是覆盖了木材的天然颜色，后期维护处理会更费时费力。表面处理出现磨损或风化时应及时维护，维护间隔从几个月到几年不等，主要取决于产品的用途和使用环境。

4.4.1.2　对耐候性的影响

高温热处理可以增加木材的耐候性和抗衰减性，从理论上说，不论从哪个方向安装木材，其每个面的风化作用应该是相同的。然而，天气会导致木材的机械耐久性降低，在实际使用过程中，向外安装木材边材已被证明可以提高木材的耐候性。

Jämsä等（2000）对225℃蒸汽处理6h的松木和杉木及未处理的木板进行涂饰，并户外暴露5年。结果表明，酸固化涂料和水性丙烯酸涂料（均为木工涂料）在高温热处理基板上没有脱落，比未处理板有更好的性能，不管基板是否进行高温热处理，水性丙烯酸涂饰板上的开裂比酸固化涂饰板少。其研究还发现，对高温热处理板涂饰效果最好的涂料是使用底漆和溶剂型醇酸树脂面漆或水性丙烯酸面漆，考虑到尺寸和耐用性，在长期的使用中，高温热处理材的涂饰明显优于未处理材；将高温热处理材用作外墙时，需要控制高温热处理过程参数，以获得最优的外部使用材料。两年的耐候试验证明，涂饰在高温热处理材的丙烯酸水基漆和溶剂基醇酸树脂漆的性能保持良好，此外，通过德国亚麻油加热处理材表面的漆的附着力好于在空气中加热处理的木材。

Perdoch等（2015）对高温热处理白杨木的表面分别使用紫外线吸收剂（UV filter，Tinuvin 5050-Tin）、木质素稳定剂（Lignin stabilizer，Lignostab-Lign）、纳米铜基胶体溶液（nano-copper based colloidal solution）和碱式碳酸铜（$Cu_2(OH)_2CO_3$）溶液等进行表面处理，根据ISO 11341-2004[①]放置在模拟自然天气条件下加速老化，根据CIElab标准测量木材的颜色变化，图4-41为10个周期中不同表面处理的高温热处理白杨木的颜色变化。其研究结果表明，碳酸氢铜溶液处理可以最好地保护高温热处理材抵御紫外线的侵蚀，而紫外线过滤剂、木质素稳定剂和纳米铜基胶体溶液不能有效保护高温热处理材抵御紫外线的侵蚀，此外结果还表明，高温热处理材浸泡在水中更有利于对紫外线的防护。

---

① ISO 11341-2004　Paints and varnishes—Artificial weathering and exposure to artificial radiation—Exposure to filtered xenon-arc radiation，色漆和清漆模拟气候及辐射暴晒（氙弧灯）。

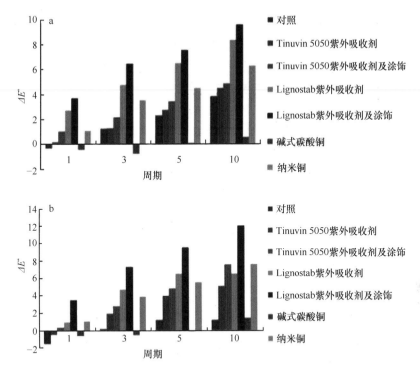

图4-41 10个周期中不同表面处理的高温热处理白杨木的颜色变化（彩图请扫封底二维码）
a. 未浸泡在水中；b. 浸泡在水中；图中ΔE^*>2时，经训练的观察者可以看出颜色变化，ΔE^*>3.5时，未经训练的
观察者可以看出颜色变化

4.4.1.3 对抗霉性的影响

高温热处理材的表面涂饰可以保护木材免受潮湿。水分促进霉菌和真菌的生长，表面处理可防止水分吸收进入木材，从而为真菌生长提供较不利的条件。空气充满霉菌孢子，产生霉菌、腐烂和蓝色污渍，这些孢子在显微镜下很小，直径只有几微米，通过气流携带落在潮湿的木材上时，开始长出一根线状的真菌菌丝体。霉菌和藻类喜欢潮湿和温暖的环境，温度为5℃时开始生长，随着温度升高生长加快，温度在20℃到25℃之间时达到峰值，当温度超过40℃时，增长几乎完全停止。多孔表面比光滑表面吸水更多，因此也更容易发霉，吸收水分和吸引污垢的木材裂纹通常是霉菌生长的理想地点，并从这些地方逐渐蔓延到环境中。

霉菌、蓝藻菌和藻类造成的破坏主要是表面美观，使高温热处理材变色，且使涂饰更加困难，但霉菌不影响高温热处理材的强度。霉菌的种类比较多，最常见的霉菌之一是黑斑霉菌，其颜色较深，生长在高温热处理材表面，可以从浅表面将其分辨出来，除影响美观外对力学性能不会产生影响。

霉菌从其栖息地获得营养，在木材表面的主要营养包括水溶性糖和木材中的其他有机物质。高温热处理改变了木材的结构，使霉菌、真菌所需的养分较少，再加上热处理减少了木材的酸性性质。因此与未处理材相比,霉菌更难以在高温热处理材表面生长。为防止霉菌和霉菌的生长,必须保持木材的水分低于真菌繁殖所需的水平。因此在使用高温热处理材时,应避免产品长期处于过度潮湿环境,并避免与土壤等含有营养的物质接触。

朱昆等(2010)对辐射松(*Pinus radiata*)、樟子松(*Pinus sylvestris* var. *mongolica*)、水曲柳(*Fraxinus mandshurica*)、桦木(*Betula* spp.)的素材和高温热处理材进行清漆涂饰,并对其进行黑霉和绿色木霉的防霉性能研究,30天后观察到未涂饰的高温热处理材较素材差,高温热处理材中间部分的霉变低于表面,原因可能是在高温热处理过程中,木材中的半纤维素分解成糖类等营养物质附加在高温热处理材的表面,为霉菌生长提供了条件,在空气湿度合适时,木材即产生霉变。而清漆涂饰的4种高温热处理材,因清漆涂层隔绝了空气,不利于霉菌生长,均未发生霉变。

4.4.1.4　对防潮性的影响

表面涂层的目的是减缓水分从外部渗入木材内部。与普通木材相同,高温热处理材会吸收空气中的水分,其含水率会逐渐发生变化,与未处理材相比,高温热处理材具有更低的平衡含水率。

高温热处理改变了木材的细胞结构,与未处理材相比,高温热处理后木材的密度显著降低,但其尺寸并没有按比例减小,因此高温热处理后木材内部存在更多空腔,这意味着水可以沿着木材的径向方向移动得比在未处理材中更快。由于水在径向方向的毛细管运动导致端部膨胀超过中间,从而使端部容易开裂。减少或防止开裂的有效方法是在结构设计时避免部件交叉点暴露在空气中,同时对暴露的部分进行涂饰处理。

4.4.2　高温热处理材表面处理和涂饰的要求

为了防止高温热处理材颜色发生变化,涂料应选择带颜料的类型,大多数情况下会用透明的木材防腐剂和棕色颜料的混合物来涂饰高温热处理材产品以求最大限度地接近高温热处理材产品本身的颜色,但会导致高温热处理材产品的颜色稍微变深。如果采用不透明的涂料,高温热处理材产品本身的颜色和特征就会被遮盖住。高温热处理后,木材的节子变得比较稳定,不对节子进行密封处理也不会影响漆膜性能。

透明的木材油漆和木材涂料不能防止高温热处理材在阳光照射下褪色,应使用能够抑制霉菌生长的油漆和染料进行表面涂饰,高温热处理户外家具应避免放置在阳光直射和雨淋的地方。如使用透明油漆或涂料,每年应维护一到两次。

染色半透明木材涂料比透明涂料对高温热处理材的保护效果更好，由于添加了颜料，其涂饰后的颜色可以达到与未热处理前木材天然颜色类似的颜色。由于清漆和木材涂料会在表面形成一层薄膜，随湿度变化，该薄膜易于剥落，因此不适合用于户外地板（如阳台地板）等。

不透明油漆对高温热处理材的保护效果最好，但掩盖了木材本身的色彩和纹理，降低了木材优美表面的观赏性。建议在装配前用一层不透明的油漆对热处理材进行表面涂饰处理，然后再装配后再进行最后的涂装以保证涂饰效果。如果使用油基面漆涂饰的高温热处理材经常暴露在不同天气条件下时，油漆里面应添加防霉剂以阻止或减少霉菌的生长。

涂覆高温热处理材表面时，应考虑以下因素：饰面的吸收通常较慢，并且在木材的不同部位渗透性有更多变化；在长期使用中，由于在热处理过程中大部分树脂已经被除去，所以由树脂引起的美观问题明显较少，此外节子不一定需要进行特殊处理；木材的尺寸稳定性得到改善，减少了在变化条件下涂层的剥离和开裂。

和所有其他的木材表面涂饰操作一样，对高温热处理材产品进行表面涂饰时也要注意恰当的工作条件，包括木材的温度、含水率和表面清洁度。如果加工现场涂饰好了底漆，那么可以涂饰面漆，面漆可选用油性涂料或水性涂料，取决于底漆的类型和生产厂家的推荐。热处理降低了木材的平衡含水率，增强了木材的尺寸稳定性，从而使木材在环境条件变化时减少表面的开裂和剥落。热处理材使用油性涂料时工艺参数与未处理材相同，水性涂料固化需要水分进入木材中去，而热处理材产品的平衡含水率下降，对水分的吸收能力降低，水性涂料缓慢进入木材内部的时间较长，干燥需要更长的周期，因此用水性涂料涂饰热处理材产品时需要更长的固化时间。

4.4.3　高温热处理材的涂饰

对高温热处理材进行表面涂饰既可以增加美观性，又可以对其进行保护。根据涂料成膜物质的种类，可将涂料共分为18大类，其中常用于高温热处理材的涂料类型见表4-8，表中油脂漆类、醇酸树脂漆类、硝基漆类和聚氨酯漆类应用最为广泛。按组分数，涂料可分为单组分漆和多组分漆（双组分和三组分），单组分漆不必分装与调配即可使用，多组分漆必需分装，使用前按比例调配混合均匀后再涂饰。涂料按挥发特点可分为溶剂型涂料、无溶剂型涂料、水性涂料和粉末涂料等。溶剂型涂料是指涂料组成中含大量有机溶剂，涂饰后，涂层中的溶剂全部挥发后涂层才能固化的涂料。无溶剂涂料又称活性溶剂涂料，其溶剂最终成为涂膜组分，在固化成膜过程中不向大气中排放挥发性有机化合物，其固体分含量可以看成接近100%。水性漆是指以水作溶剂或分散剂的漆类，如丙烯酸酯乳液漆和水性聚氨酯漆等，水性漆在高温热处理材涂饰中应用最为广泛。粉末涂料是指粉末状的漆，没有溶剂，如静电喷涂导电粉末涂料、聚氨酯型粉末涂料和聚酯型粉末涂料等（顾继友，2012）。

表4-8　热处理材常用涂料类型

序号	涂料类型	主要成膜物质	应用广泛性
1	油脂漆类	植物油、合成油	广泛
2	醇酸树脂漆类	甘油醇酸树脂、改性醇酸树脂	广泛
3	硝基漆类	硝化棉	广泛
4	聚氨酯漆类	聚氨基甲酸酯	广泛
5	天然树脂漆	改性松香、虫胶、大漆	可用
6	酚醛树脂漆	酚醛树脂、改性酚醛树脂	可用
7	丙烯酸漆类	丙烯酸树脂等	可用
8	聚酯漆类	不饱和聚酯树脂等	可用

涂料的性能包括颜色与透明度、流平性、细度、黏度、固含量、干燥时间、遮盖力、储存稳定性等，涂料形成涂膜的性能包括附着力、硬度、柔韧性、冲击强度、耐液、耐磨、耐热、耐寒、耐候等。

对于200℃以上的高温热处理材，木材表面变得疏水，使油漆的吸收比未处理的木材慢。Petrič等（2007）研究了油热处理的苏格兰松木与一些商业水性体系油漆的润湿性，并得出虽然木材的疏水性增加，但外部水性涂料与热处理材的润湿性更好，可能是由于热处理材的表面能降低导致的。木材表面能受温度的影响很大，因此普通表面涂饰不能用于热处理材。但是，部分清漆可以用于热处理材的涂饰。Kesik和Akyildiz（2015）对土耳其常用的欧洲黑松（*Pinus nigra*）、土耳其松（*Pinus brutia*）、岩生栎（*Quercus petraea*）和欧洲栗（*Castanea sativa*）分别在130℃、180℃、230℃下进行热处理2h和8h，然后分别利用单组分半哑光和双组分光泽水性清漆进行涂饰，对黏合强度进行了研究，结果表明，落叶乔木（岩生栎、欧洲栗）的黏合强度大于针叶木（安纳托利亚黑松、卡拉布里亚松），且热处理有利于增加木材与涂饰的黏合强度，所有木材的黏合强度随高温热处理温度的升高而降低，因此在使用单组分半哑光和双组分光泽水性清漆对这4种树进行热处理时，如果想获得更高的黏合强度，应使用较低的热处理温度处理木材。Pelit等（2015）对高温热处理且热压致密化的苏格兰松木单组分和双组分水性清漆涂层的表面粗糙度和表面亮度属性进行了研究，结果表明，密实样品的表面粗糙度减少，表面亮度增加，而随着加热温度的增加，表面粗糙度增加，表面亮度减小，单组分水性清漆涂层的表面粗糙度和亮度好于双组分水性清漆。

Kesik和Akyildiz（2015）对150℃亚麻籽油处理2h前后的冷杉木进行了清漆和油漆涂饰，并对涂饰的强度进行了研究，结果表明，高温油热处理对冷杉木与清漆和油漆间的黏结强度和硬度无明显影响，油热处理材上油漆涂层的硬度大于清漆涂层，数据表明，清漆和油漆有利于高温油热处理材与涂饰的黏结，且高温油热处理材能够用在室外，尤其是应用在公园和花园中。

Atar等（2015）依据ASTM D-3023-1998[①]和ASTM-D 3924-1991[②]对热处理东方山毛榉木、橡木、黑杨木、松木和杉木分别进行了合成清漆、水性清漆和单基组分醇酸树脂清漆涂层处理，测量了涂层的厚度和拉断强度，结果表明，醇酸清漆具有最大的干膜厚度（85μm），水性清漆具有最小的干膜厚度（82μm），在175℃下处理4h且涂上合成清漆的榉木具有最高的拉断强度，而在175℃下处理4h且涂上合成醇酸清漆的杉木具有最低的拉断强度，总的来说，高温热处理会大大降低涂层的拉断强度。

Altgen和Militz（2017）采用非成膜溶剂型油漆做底漆，分别采用醇酸树脂增强丙烯酸酯水性漆和丙烯酸酯水性漆对热处理后的挪威云杉木和苏格兰松木进行涂饰，对涂层在木材中的渗透进行了显微观察，同时对涂料和木材的黏合强度进行了测量，图4-42为油漆在木材中的渗透情况，图4-42a表明底漆填充了未热处理材的外部管胞和第二层管胞，有的甚至填充了第三层；图4-42b在离表面较远的地区，尤其在晚材，也会发现底漆的存在，这种现象在松木中出现的比率比云杉木多，这种渗透可能与穿透射线和涂层扩散到相邻纵向管胞中有关，在晚材中更明显是因为晚材中的具缘纹孔相较于早材不太完整。图4-42c表明，油漆在高温热处理材纵向管胞间渗透更深，因此高温热处理材可能需要更厚的涂料覆盖，以满足木材表面质量的要求。

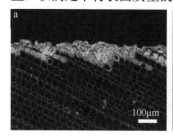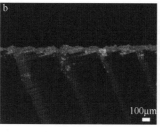

图4-42 油漆在木材中的渗透情况（Altgen and Militz，2017）（彩图请扫封底二维码）

a.利用带有G-2A过滤器的荧光显微镜观察的溶剂型油渗透的横向截面；b.为100目砂光后的未处理苏格兰松木；c.砂光后热处理松木

① ASTM D-3023-1998 Standard Practice for Determination of Resistance of Factory-Applied Coatings on Wood Products to Stains and Reagents，工厂制木制品涂覆层耐着色性和耐试剂性测定的标准实施规范。

② ASTM-D 3924-1991 Standard Specification for Standard Environment for Conditioning and Testing Paint, Varnish, Lacquer, and Related Materials，色漆、清漆、喷漆和相关材料状态调节和试验用标准环境的标准规范。

　　图4-43比较了高温热处理前后醇酸树脂增强丙烯酸酯水性漆和丙烯酸酯水性漆的涂饰性能，图中无迹象表明油漆的渗透是依靠凹坑或射线细胞。从图4-43c可以看出高温热处理松木的水性漆涂层渗透情况与未处理材无明显差异。黏合强度实验表明，醇酸树脂增强剂会增加丙烯酸酯水性漆的脆性，使得该漆的黏合强度降低，应用韧性基材和韧性涂层可以增加木材和涂层的黏合强度。同时研究发现，在高温热处理材中发现的残余萃取物和残留的降解产物可能会引起变色或干扰涂料体系的固化反应。

图4-43　水性漆涂层的渗透情况（彩图请扫封底二维码）

a. 具有刨切面和醇酸树脂增强丙烯酸酯水性漆涂层的未处理松木横向截面；b. 具有砂磨（100目）表面和醇酸树脂增强丙烯酸酯水性漆的未改性松木的斜切面部分；c. 具有刨切面和丙烯酸酯水性漆涂层在212℃下热处理4h的云杉木；d. 具有砂磨（40目）表面和醇酸树脂增强丙烯酸酯水性漆在212℃下热处理3h的松木

　　Herrera等（2015）对192℃、200℃和202℃高温热处理的欧洲白蜡木和未处理材分别进行了紫外线固化涂饰（轨道砂光机320目打磨）和水性涂料涂饰（用280目的碳化硅砂纸打磨）处理，对高温热处理材参数、木饰面、涂层表面黏着力、物理变化、光学性能等进行了研究，结果表明，在高温热处理过程中有挥发性有机化合物有机酸产生，高温热处理材的酸性随着处理温度的增加而减小。高温热处理引起细胞壁微观结构变化，导致高温热处理材与未处理材相比吸水性和密度明显减小，同时高温热处理增加了木材的疏水性，使木材表现出渐进的表面钝化效果。对高温热处理材进行砂光处理，有利于提高热处理材涂饰的渗透和吸附力，这是因为砂光可以改变木材的微孔隙率并增加木材表面粗糙度，通过测量接触角可知砂光后比砂光前亲水性增加了10%。高温热处理材尺寸稳定性的提高改变了木材的亲水机理，减少了吸水量和膨胀。紫外线固化涂饰比水性涂饰有更高的附着力，紫外线固化涂饰和水性涂饰的界面黏合性无明显差异，但高温热处理对其作用明显，如图4-44所示。

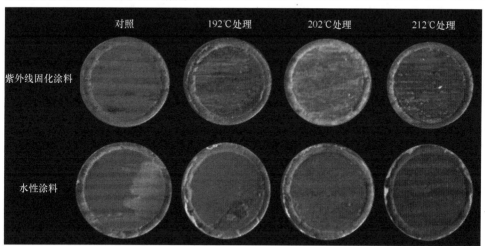

图4-44　白蜡木高温热处理材与未处理材水性涂料和紫外固化涂料涂饰效果的比较
（Herrere et al.，2015）（彩图请扫封底二维码）

　　同时涂饰剥离实验表明，抗划伤性与漆膜厚度有关，减小水性涂饰的漆膜厚度会降低抗划伤性。获得相同抗划伤性时，紫外线固化涂饰漆膜厚度更小，因此紫外线固化涂饰更适用于热处理材。

　　依据ASTM D 2134–93–2001（《斯华特型硬度计测定有机涂层硬度标准》）测试了木材涂饰表面的物理性能变化，结果如图4-45所示，其中涂饰后的未处理材有最大的接触角，形成疏水表面；高温热处理材表面的润湿现象与热处理温度直接相关，使用紫外线固化涂饰时，热处理温度为202℃时，处理材的接触角、硬度和抗冲击性能最大。使用水性涂层时，热处理温度为212℃时，处理材的耐磨性和抗冲击性能最好。

　　利用CLE-Lab颜色、光泽度和紫外反射光谱评价白蜡木热处理材的光学性能可知，随着高温热处理温度的增加，降解产物不断氧化，高温热处理材和未处理材表面逐渐变黑，紫外线固化涂饰和水性涂饰在不同高温热处理温度下其产品外观颜色存在差异，如图4-46所示。

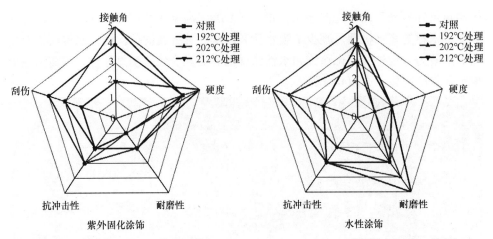

图4-45　白蜡木涂饰表面的物理特征（Herrere et al.，2015）（彩图请扫封底二维码）
标准等级从1到5，1=最差，5=最好

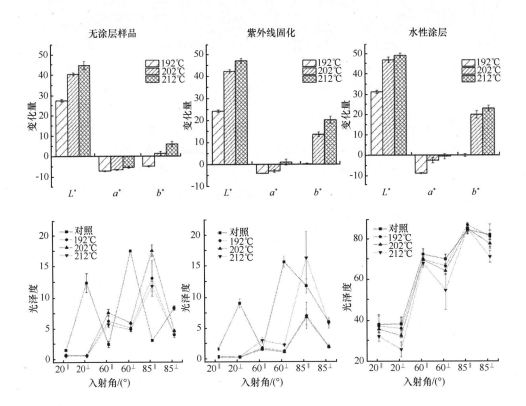

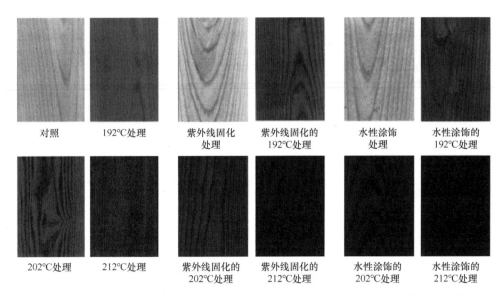

| 对照 | 192°C处理 | 紫外线固化处理 | 紫外线固化的192°C处理 | 水性涂饰处理 | 水性涂饰的192°C处理 |

| 202°C处理 | 212°C处理 | 紫外线固化的202°C处理 | 紫外线固化的212°C处理 | 水性涂饰的202°C处理 | 水性涂饰的212°C处理 |

图4-46　白蜡木木材光学特征和表面的可视评估（Herrere et al.，2015）（彩图请扫封底二维码）

主要参考文献

丁涛, 顾炼百, 朱南峰, 等. 2012. 热处理材的铣削加工性能分析. 木材工业, 26(2): 22-24, 54.

顾继友. 2012. 胶黏剂与涂料. 北京: 中国林业出版社.

顾炼百, 丁涛, 王明俊, 等. 2010. 高温热处理木材胶合性能的研究. 林产工业, 37(2): 15-18.

刘明利, 李春风, 刘彦龙, 等. 2015. 缺氧高温处理材的胶合性能. 林产工业, 42(9): 14-16.

朱昆, 程康华, 李惠明, 等. 2010. 热处理改性木材的性能分析Ⅲ——热处理材的防霉性能. 木材工业, 24(1): 42-44.

Altgen M, Militz H. 2017. Thermally modified Scots pine and Norway spruce wood as substrate for coating systems. Journal of Coatings Technology and Research, 14(3): 531-541.

Atar M, Cinar H, Dongel N, et al. 2015. The effect of heat treatment on the pull-off strength of optionally varnished surfaces of five wood materials. BioResources, 10(4): 7151-7164.

Aydin İ. 2004. Activation of wood surfaces for glue bonds by mechanical pre-treatment and its effects on some properties of veneer surfaces and plywood panels. Applied Surface Science, 233(1-4): 268-274.

Barcík Š, Gašparík M. 2004. Effect of tool and milling parameters on the size distribution of splinters of planed native and thermally modified beech wood. BioResources, 9(1): 1346-1360.

Budakci M, İlçe A C, Gürleyen T, et al. 2013. Determination of the surface roughness of heat-treated wood materials planed by the cutters of a horizontal milling machine. BioResources, 8(3): 3189-3199.

Chow S Z, Pickles K J. 1971. Thermal softening and degradation of wood and bark. Wood and Fiber Science, 3(3): 166-178.

de Moura L F, Brito J O, Nolasco A M, et al. 2011. Effect of thermal rectification on machinability of *Eucalyptus grandis* and *Pinus caribaea* var. *hondurensis* woods. European Journal of Wood and Wood Products, 69(4): 641-648.

Dilik T, Hiziroglu S. 2012. Bonding strength of heat treated compressed eastern redcedar wood. Materials & Design, 42: 317-320.

Dolny S, Grocki W, Rogoziński T. 2011. Properties of wastes from the cutting of thermally modified oak wood. Acta Scientiarum Polonorum, 10(1): 11-18.

Dzurenda L, Orlowski K A. 2011. The effect of thermal modification of ash wood on granularity and homogeneity of sawdust in the sawing process on a sash gang saw PRW 15-M in view of its technological usefulness. Drewno, 54(186): 27-37.

Follrich J, Müller U, Gindl W. 2006. Effects of thermal modification on the adhesion between spruce wood (*Picea abies* Karst.) and a thermoplastic polymer. Holz als Roh- und Werkstoff, 64(5): 373-376.

Gérardin P, Petrič M, Petrissans M, et al. 2007. Evolution of wood surface free energy after heat treatment. Polymer Degradation and Stability, 92(4): 653-657.

Hacibektasoglu M, Campean M, Ispas M, et al. 2017. Influence of heat treatment duration on the machinability of beech wood (*Fagus sylvatica* L.) by planing. BioResources, 12(2): 2780-2791.

Herrera R, Muszyńska M, Krystofiak T, et al. 2015. Comparative evaluation of different thermally modified wood samples finishing with UV-curable and waterborne coatings. Applied Surface Science, 357: 1444-1453.

Hlásková L, Rogoziński T, Dolny S, et al. 2015. Content of respirable and inhalable fractions in dust created while sawing beech wood and its modifications. Drewno, 58(194): 135-146.

Huang X, Kocaefe Y, Boluk Y, et al. 2012. Study of the degradation behavior of heat-treated jack pine (*Pinus banksiana*) under artificial sunlight irradiation. Polymer Degradation and Stability, 97(7): 1197-1214.

International ThermalWood Association. 2003. ThermoWood Handbook. Finland: Helsinki.

International ThermalWood Association. 2004. ThermoWood Quality Planning Handbook. Finland: Helsinki.

Ispas M, Gurau L, Campean M, et al. 2016. Milling of heat-treated beech wood (*Fagus sylvatica* L.) and analysis of surface quality. BioResources, 11(4): 9095-9111.

Jämsä S, Ahola P, Viitaniemi P. 2000. Long-term natural weathering of coated ThermoWood. Pigment & Resin Technology, 29(2): 68-74.

Kesik H I, Akyildiz M H. 2015. Effect of the heat treatment on the adhesion strength of water based wood varnishes. Wood Research, 60(6): 987-994.

Kol H Ş, Özbay G. 2016. Adhesive bond performance of heat-treated wood at various conditions. Journal of Environmental Biology, 37(4): 557-564.

Kol H Ş, Uysal B, Altun S, et al. 2009. Shear strength of heat treated pine wood (*Pinus nigra*) with some structural adhesives. Technology, 12(1): 57-62.

Krauss A, Piernik M, Pinkowski G. 2016. Cutting power during milling of thermally modified pine wood. Drvna Industrija, 67(3): 215-222.

Kubs J, Gaff M, Barcik S. 2016. Factors affecting the consumption of energy during the of thermally modified and unmodified beech wood. BioResources, 11(1): 736-747.

Kubs J, Gasparik M, Gaff M, et al. 2017. Influence of thermal treatment on power consumption during plain milling of lodgepole pine (*Pinus contorta* subsp. *murrayana*). BioResources, 12(1): 407-418.

Kvietková M, Barcík Š, Aláč P. 2015. Impact of angle geometry of tool on granulometric composition of particles during the flat milling of thermally modified beech. Wood Research, 60(1): 137-146.

Ozcan S, Ozcifci A, Hiziroglu S, et al. 2012. Effects of heat treatment and surface roughness on bonding strength. Construction and Building Materials, 33: 7-13.

Pelit H, Budakçı M, Sönmez A, et al. 2015. Surface roughness and brightness of scots pine (*Pinus sylvestris*) applied with water-based varnish after densification and heat treatment. Journal of Wood Science, 61(6): 586-594.

Perçin O, Uzun O. 2014. Determination of bonding strength in heat treated some wood materials. SDU Faculty of Forestry Journal, 15: 72-76.

Perdoch W M B, Stolpniewski C, Broda M. 2015. Photostability of thermally modified poplar wood superficially treated with some protectants. The Eighth European Conference on Wood Modification, 2015(10): 151-155.

Petrič M, Knehtl B, Krause A, et al. 2007. Wettability of waterborne coatings on chemically and thermally modified pine wood. Journal of Coatings Technology and Research, 4(2): 203-206.

Pincelli A L, Brito J O, Corrente J E. 2002. Avaliação da termorretificação sobre a colagem na madeira de Eucalyptus saligna e Pinus caribaea var. hondurensis. Scientia Forestalis, Piracicaba, 61: 122-132.

Poncsák S, Shi S Q, Kocaefe D, et al. 2007. Effect of thermal treatment of wood lumbers on their adhesive bond strength and durability. Journal of Adhesion Science and Technology, 21(8): 745-754.

Ratnasingam J, Ioras F. 2012. Effect of heat treatment on the machining and other properties of rubberwood. European Journal of Wood and Wood Products, 70(5): 759-761.

Sernek M, Boonstra M, Pizzi A, et al. 2007. Bonding performance of heat treated wood with structural adhesives. Holz als Roh- und Werkstoff, 66(3): 173-180.

Stewart H A. 1980. Some surfacing defects and problems related to wood moisture-content. Wood and Fiber, 12(3): 175-182.

Tu D Y, Liao L, Yun H, et al. 2014. Effects of heat treatment on the machining properties of *Eucalyptus urophylla* × *E. camaldulensis*. BioResources, 9(2): 2847-2855.

Uysal B, Kurt Ş, Yildirim M N. 2010. Bonding strength of wood materials bonded with different adhesive after aging test. Construction and Building Materials, 24(12): 2628-2632.

Wilkowski J, Grześkiewicz M, Czarniak P, et al. 2010. Influence of wood thermal modification on cutting resistance during drilling. Annals of Warsaw University of Life Sciences-SGGW Forestry and Wood Technology, 72: 480-484.

Wilkowski J, Grześkiewicz M, Czarniak P, et al. 2011a. Influence of thermal modification of oak wood on cutting forces during milling. Annals of Warsaw University of Life Sciences-SGGW Forestry and Wood Technology, 76: 203-207.

Wilkowski J, Grześkiewicz M, Czarniak P, et al. 2011b. Surface roughness after sanding of thermally modified oak wood. Annals of Warsaw University of Life Sciences-SGGW Forestry and Wood Technology, 76: 208-211.

Wilkowski J, Grześkiewicz M, Czarniak P, et al. 2011c. Cutting forces during drilling of thermally modified ash wood. Annals of Warsaw University of Life Sciences-SGGW Forestry and Wood Technology, 76: 199-202.

Yildiz S, Tomak E D, Yildiz U C, et al. 2013. Effect of artificial weathering on the properties of heat treated wood. Polymer Degradation and Stability, 98(8): 1419-1427.

5 常用高温热处理材性能

本章主要介绍常用树种高温热处理材物理力学性能，包括平衡含水率、密度、干缩系数、颜色、抗弯弹性模量、抗弯强度及耐腐性能等，常用树种有樟子松、马尾松、扭叶松、落叶松、杉木、柞木、杨树、橡胶树、桉树。

测试指标：依据GB/T 1927～1943—2009（木材物理力学性质试验方法）测试热处理材的密度、干缩性、湿胀性、抗弯强度、弹性模量，应用CIE（1976）$L^*a^*b^*$系统表征颜色，参照《木材天然耐久性试验方法 木材天然耐腐性实验室试验方法》（GB/T 13942.1—1992）测试热处理耐腐性。

5.1 樟 子 松

樟子松（*Pinus sylvestris* var. *mongolica*）主要分布在我国大兴安岭海拔400～1000m山地及呼伦贝尔高原的垄岗沙丘地带，以纯林居多，可分为山地樟子松、沙地樟子松，在立地稍好时有兴安落叶松、白桦、山杨、蒙古栎与之混交。樟子松木材心边材区别明显，边材浅黄褐色，心材红褐色；具有浓郁的松脂气味，生长轮明显，宽度不均匀，早材至晚材急变。木材纹理直，干缩中，强度中等；干燥容易，耐腐，易加工，适合用在房屋建筑、船舶、室内装饰、日常家居及造纸等方面。

热处理条件：加热介质为蒸汽，处理前木材含水率状态为气干，热处理温度为180℃、200℃、220℃和230℃，每个温度处理1h、2h和3h（刘星雨，2010）。樟木松热处理材物理性质、颜色、力学性质及耐性变化见表5-1～表5-3和图5-1。

表5-1 樟子松热处理材物理性能变化（刘星雨，2010）

时间/h	20℃和湿度65%环境下平衡含水率/%				
	对照材	180℃	200℃	220℃	230℃
1		9.91	9.58	8.90	8.38
2	11.66	9.59	9.06	7.69	6.98
3		9.48	8.44	7.23	6.36

续表

时间/h	全干密度/（g/cm³）				
	对照材	180℃	200℃	220℃	230℃
1		0.404（14.79）	0.399（12.49）	0.392（13.77）	0.385（11.09）
2	0.390（15.55）	0.392（14.05）	0.396（12.46）	0.386（8.76）	0.385（12.23）
3		0.397（11.46）	0.392（12.67）	0.386（10.48）	0.376（10.36）

时间/h	气干密度/（g/cm³）				
	对照材	180℃	200℃	220℃	230℃
1		0.427（14.71）	0.420（12.30）	0.412（13.63）	0.404（10.98）
2	0.415（15.53）	0.413（13.64）	0.416（12.21）	0.403（8.45）	0.400（12.05）
3		0.418（11.17）	0.410（12.38）	0.402（10.37）	0.389（10.16）

时间/h	全干体积干缩率/%				
	对照材	180℃	200℃	220℃	230℃
1		11.08（14.79）	11.10（10.58）	10.34（13.93）	9.61（15.52）
2	11.11（12.04）	10.92（13.03）	10.32（13.76）	9.09（14.35）	8.10（14.41）
3		10.79（12.92）	9.98（11.77）	8.65（15.44）	7.66（13.80）

时间/h	气干体积干缩率/%				
	对照材	180℃	200℃	220℃	230℃
1		6.35（17.51）	6.28（12.95）	5.75（17.57）	5.22（19.99）
2	6.33（15.13）	6.20（16.59）	5.72（16.77）	5.00（17.74）	4.27（18.66）
3		6.12（16.86）	5.28（15.58）	4.65（18.69）	4.02（17.24）

时间/h	气干时体积湿胀率/%				
	对照材	180℃	200℃	220℃	230℃
1		3.81（13.20）	3.60（13.81）	3.38（15.15）	3.21（15.39）
2	4.46（9.47）	3.59（9.58）	3.27（13.60）	2.97（15.24）	2.73（13.68）
3		3.54（12.56）	3.19（11.01）	2.81（14.83）	2.61（12.01）

时间/h	吸水后体积湿胀率/%				
	对照材	180℃	200℃	220℃	230℃
1		12.03（16.47）	11.68（12.47）	10.73（15.44）	10.14（19.10）
2	12.99（12.09）	11.71（13.40）	10.80（16.71）	9.23（18.03）	8.46（16.42）
3		11.48（15.27）	10.42（13.37）	8.84（17.51）	8.06（13.99）

注：括号内为变异系数（%）

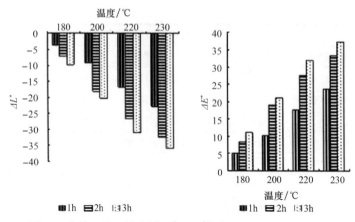

图5-1 热处理樟子松木材ΔL^*和ΔE^*的变化（刘星雨，2010）

表5-2 樟子松热处理材力学性能变化（刘星雨，2010）

时间/h	抗弯弹性模量/GPa				
	对照材	180℃	200℃	220℃	230℃
1		11.32（20.39）	11.93（30.99）	10.78（18.59）	10.22（24.19）
2	10.36（23.79）	11.00（24.79）	11.48（22.74）	10.50（19.37）	10.50（19.75）
3		11.27（28.11）	10.92（19.15）	11.20（19.30）	10.33（18.80）

时间/h	抗弯强度/MPa				
	对照材	180℃	200℃	220℃	230℃
1		87.72（18.99）	85.75（22.76）	73.55（19.70）	66.29（29.48）
2	76.07（20.52）	81.43（28.11）	81.32（26.47）	70.52（24.69）	61.14（23.19）
3		82.05（29.25）	76.48（20.96）	67.92（22.75）	59.11（21.57）

注：括号内为变异系数（%）

表5-3 樟子松热处理材耐腐性能变化（刘星雨，2010）

时间/h	天然耐褐腐菌等级				
	对照材	180℃	200℃	220℃	230℃
1		Ⅲ（30.86）	Ⅲ（25.13）	Ⅱ（24.33）	Ⅱ（11.36）
2	Ⅲ（42.79）	Ⅲ（34.77）	Ⅱ（20.15）	Ⅱ（19.61）	Ⅰ（5.47）
3		Ⅲ（27.79）	Ⅱ（21.70）	Ⅱ（13.77）	Ⅰ（4.22）

时间/h	天然耐白腐菌等级				
	对照材	180℃	200℃	220℃	230℃
1		Ⅲ（43.13）	Ⅲ（29.36）	Ⅱ（21.86）	Ⅱ（15.11）
2	Ⅳ（54.00）	Ⅲ（36.33）	Ⅱ（26.40）	Ⅱ（17.96）	Ⅰ（5.53）
3		Ⅲ（32.53）	Ⅱ（21.37）	Ⅱ（11.04）	Ⅰ（2.75）

注：括号内为损失率（%）。野外耐腐等级：对照材为耐久等级，热处理材为强耐久等级；抗虫蛀等级：对照材与热处理材均为强耐久性

5.2 马 尾 松

马尾松（*Pinus massoniana*）在我国分布极广，北自河南及山东南部，南至两广、湖南（慈利县）、台湾，东自沿海，西至四川中部及贵州，遍布华中、华南各地，是重要的用材树种，也是荒山造林的先锋树种。一般在长江下游海拔700m以下、中游海拔1200m以上、上游海拔1500m以下均有分布。马尾松不耐腐；心边材颜色区别不明显，淡黄褐色。木材纹理直，结构粗；耐水湿。比重0.39~0.49，富含树脂。马尾松经济价值高，是工农业生产上的重要用材，主要供建筑、枕木、矿柱、制板、包装箱、家具及木纤维工业（人造木浆及造纸）原料等用。

热处理条件：加热介质为蒸汽，处理前木材水分状态为气干，热处理温度为170℃、185℃、200℃、215℃和230℃，每个温度处理2h、4h、6h和8h（郭飞，2015）。马尾松热处理材物理性质和力学性质变化见表5-4和表5-5。

表5-4 马尾松热处理材的物理性能变化（郭飞，2015）

时间/h		20℃和湿度65%环境下平衡含水率/%				
	对照材	170℃	185℃	200℃	215℃	230℃
2		11.43（6.91）	11.30（5.27）	10.55（10.68）	9.88（7.45）	8.14（7.91）
4	13.89	10.40（11.29）	10.23（19.43）	9.87（11.64）	7.95（14.01）	7.18（11.75）
6	（4.10）	10.02（9.71）	9.30（11.30）	8.84（7.86）	7.69（9.08）	6.40（10.82）
8		9.54（6.94）	8.43（8.18）	7.79（12.86）	6.75（10.03）	5.80（7.12）

时间/h		全干密度/（g/cm³）				
	对照材	170℃	185℃	200℃	215℃	230℃
2		0.591（11.13）	0.589（13.92）	0.582（10.42）	0.576（10.94）	0.558（10.42）
4	0.598	0.582（7.42）	0.577（10.01）	0.574（10.04）	0.568（10.76）	0.554（16.74）
6	（7.39）	0.575（10.07）	0.570（10.12）	0.563（12.79）	0.562（16.03）	0.535（9.41）
8		0.569（13.94）	0.568（12.62）	0.556（9.57）	0.553（11.42）	0.531（12.69）

时间/h		全干体积干缩率/%				
	对照材	170℃	185℃	200℃	215℃	230℃
2		13.51（15.69）	13.37（9.29）	12.80（14.49）	11.19（29.31）	10.00（19.95）
4	13.68	13.33（17.53）	13.21（17.15）	12.58（15.47）	10.51（10.33）	9.32（18.56）
6	（6.56）	13.11（23.44）	13.01（206.0）	11.71（17.46）	10.32（20.07）	8.96（21.78）
8		12.95（18.69）	12.64（16.40）	11.52（15.89）	10.01（13.63）	8.45（25.81）

续表

时间/h		气干体积干缩率/%				
	对照材	170℃	185℃	200℃	215℃	230℃
2		6.92（16.50）	6.86（9.59）	6.64（13.05）	5.84（30.99）	4.92（21.21）
4	6.98	6.87（20.86）	6.80（16.72）	6.51（16.94）	5.37（12.26）	4.59（22.08）
6	（6.94）	6.64（16.70）	6.56（22.91）	6.16（21.10）	5.30（23.67）	4.39（33.71）
8		6.49（20.69）	6.39（19.39）	6.02（18.61）	5.10（17.49）	4.03（32.65）

时间/h		气干时体积湿胀率/%				
	对照材	170℃	185℃	200℃	215℃	230℃
2		9.70（17.39）	9.61（12.18）	9.57（9.53）	7.80（26.21）	7.19（11.02）
4	9.96	9.01（10.39）	8.61（15.60）	8.37（18.87）	6.67（15.93）	6.08（21.10）
6	（6.76）	8.95（15.58）	8.47（22.45）	8.13（20.16）	6.86（30.17）	5.52（20.70）
8		8.36（30.58）	7.89（23.36）	7.66（18.83）	6.15（17.53）	5.37（28.79）

时间/h		吸水后体积湿胀率/%				
	对照材	170℃	185℃	200℃	215℃	230℃
2		15.83（15.88）	15.74（10.86）	14.97（8.62）	13.10（17.56）	11.50（10.14）
4	16.77	14.66（15.02）	14.37（15.92）	13.24（16.74）	11.21（16.85）	9.42（25.86）
6	（6.81）	14.08（15.02）	13.92（16.59）	13.14（12.30）	10.85（31.73）	9.19（18.92）
8		13.18（29.59）	12.97（22.84）	12.25（19.05）	10.43（16.19）	8.79（24.55）

注：括号内为变异系数（%）

表5-5　马尾松热处理材力学性能变化（郭飞，2015）

时间/h		抗弯弹性模量/GPa				
	对照材	170℃	185℃	200℃	215℃	230℃
2		15.25（30.61）	15.37（25.67）	16.09（21.47）	15.44（36.14）	15.26（30.95）
4	14.62	16.02（30.26）	16.35（26.81）	16.39（25.72）	15.40（31.99）	13.63（37.90）
6	（22.53）	14.77（25.25）	16.16（25.02）	16.86（28.67）	14.70（30.91）	13.26（25.11）
8		14.62（28.60）	14.84（25.13）	15.14（35.25）	14.08（21.65）	11.48（29.92）

时间/h		抗弯强度/MPa				
	对照材	170℃	185℃	200℃	215℃	230℃
2		91.75（27.68）	93.27（25.83）	90.45（20.43）	85.22（35.53）	79.97（37.01）
4	90.64	93.18（30.05）	91.19（23.55）	86.53（18.96）	75.10（35.29）	66.14（39.69）
6	（24.16）	88.52（27.05）	87.98（37.87）	88.52（30.75）	90.64（27.05）	55.58（29.73）
8		81.09（21.53）	76.91（30.61）	73.93（33.32）	65.38（21.65）	50.54（37.62）

注：括号内为变异系数（%）

5.3　扭　叶　松

扭叶松（*Pinus contorta*）原产于北美洲西部北纬31°～64°、西经107°～140°。从加拿大育空地区到下加利福尼亚半岛，从太平洋沿岸到南达科他州都有分布。英国、丹麦、芬兰、冰岛、挪威、瑞典和中国等均有引种栽培。该树种具有抗旱、抗寒、抗病、抗污染等优良抗性。木材材质优良，纹理通直，干燥变形较小，可用于建筑、细木工、枕木和造纸等。

热处理条件：加热介质为蒸汽，处理前木材含水率状态为气干。热处理温度为180℃、200℃、220℃和230℃，每个温度处理1h、2h和3h（刘星雨，2010）。扭叶松热处理材物理性质、颜色、力学性质及耐性变化见表5-6～表5-8和图5-2。

表5-6　扭叶松热处理材物理性能变化（刘星雨，2010）

时间/h	20℃和湿度65%环境下平衡含水率/%				
	对照材	180℃	200℃	220℃	230℃
1		9.61	9.08	8.75	8.63
2	13.16	9.2	8.69	8.06	7.23
3		8.84	8.59	6.75	6.47

时间/h	全干密度/（g/cm³）				
	对照材	180℃	200℃	220℃	230℃
1		0.485（7.33）	0.478（7.46）	0.475（6.89）	0.471（8.47）
2	0.482（7.21）	0.466（10.19）	0.466（10.10）	0.465（11.27）	0.464（8.02）
3		0.478（7.80）	0.473（8.28）	0.471（8.06）	0.467（6.51）

时间/h	气干密度/（g/cm³）				
	对照材	180℃	200℃	220℃	230℃
1		0.509（7.14）	0.501（7.32）	0.496（6.76）	0.492（8.37）
2	0.510（6.96）	0.489（9.99）	0.487（9.97）	0.484（11.06）	0.482（8.06）
3		0.500（7.51）	0.495（8.24）	0.488（7.76）	0.482（6.43）

时间/h	全干体积干缩率/%				
	对照材	180℃	200℃	220℃	230℃
1		12.11（14.08）	11.84（12.65）	12.02（12.54）	11.14（16.88）
2	12.46（12.83）	11.44（16.58）	11.00（15.65）	9.87（16.36）	8.62（18.50）
3		11.33（12.67）	10.99（12.11）	9.92（13.98）	8.19（16.19）

续表

时间/h	气干体积干缩率/%				
	对照材	180℃	200℃	220℃	230℃
1		6.54（17.11）	6.15（16.48）	6.47（15.65）	5.67（22.57）
2	6.68（16.14）	6.00（20.72）	5.63（22.00）	4.90（20.68）	4.18（22.84）
3		5.80（16.79）	5.67（15.79）	4.81（16.21）	3.98（20.02）

时间/h	气干时体积湿胀率/%				
	对照材	180℃	200℃	220℃	230℃
1		4.38（12.96）	4.07（12.78）	4.02（11.57）	4.22（23.68）
2	5.27（13.21）	4.30（12.93）	4.18（13.66）	3.94（15.58）	3.49（16.35）
3		3.90（11.21）	3.72（11.26）	2.93（14.97）	3.34（15.75）

时间/h	吸水后体积湿胀率/%				
	对照材	180℃	200℃	220℃	230℃
1		12.95（13.81）	12.85（14.01）	12.65（12.30）	11.86（19.44）
2	15.06（13.58）	12.40（14.62）	11.75（16.12）	10.71（16.44）	9.25（19.91）
3		12.19（13.86）	11.57（13.81）	10.18（15.73）	9.00（15.06）

注：括号内为变异系数（%）

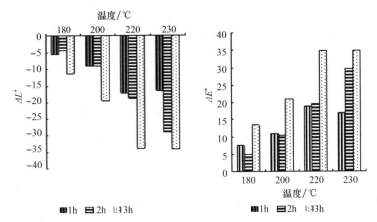

图5-2　热处理扭叶松木材ΔL^*和ΔE^*的变化（刘星雨，2010）

表5-7　扭叶松热处理材力学性能变化（刘星雨，2010）

时间/h	抗弯弹性模量/GPa				
	对照材	180℃	200℃	220℃	230℃
1		13.08（14.07）	13.18（15.70）	13.37（15.35）	13.14（13.43）
2	11.86（12.81）	12.53（17.77）	12.68（11.09）	12.55（13.59）	12.66（13.71）
3		13.47（17.68）	13.19（18.29）	12.68（19.11）	12.14（17.49）

时间/h	抗弯强度/MPa				
	对照材	180℃	200℃	220℃	230℃
1		107.09（15.86）	104.39（15.87）	92.91（23.09）	98.71（20.84）
2	99.59（12.81）	98.62（27.02）	93.55（19.48）	88.10（29.28）	84.71（28.87）
3		106.39（22.02）	101.82（26.30）	78.21（34.36）	74.07（31.14）

注：括号内为变异系数（%）

表5-8　扭叶松热处理材耐腐性能变化（刘星雨，2010）

时间/h	天然耐褐腐菌等级				
	对照材	180℃	200℃	220℃	230℃
1		Ⅲ（39.10）	Ⅲ（29.92）	Ⅱ（23.61）	Ⅱ（16.38）
2	Ⅳ（47.52）	Ⅲ（37.60）	Ⅲ（28.76）	Ⅱ（21.12）	Ⅱ（10.24）
3		Ⅲ（34.23）	Ⅲ（25.89）	Ⅱ（14.72）	Ⅰ（5.01）

时间/h	天然耐白腐菌等级				
	对照材	180℃	200℃	220℃	230℃
1		Ⅲ（39.12）	Ⅲ（36.30）	Ⅱ（25.89）	Ⅱ（22.33）
2	Ⅳ（46.28）	Ⅲ（36.50）	Ⅲ（30.20）	Ⅱ（27.00）	Ⅱ（19.91）
3		Ⅲ（38.18）	Ⅲ（30.72）	Ⅱ（19.94）	Ⅰ（4.13）

注：括号内为损失率，%。野外耐腐等级：对照材与热处理材均为强耐久性；抗虫蛀等级：对照材为强耐久等级，部分热处理材为耐久等级，其他为强耐久等级

5.4　落　叶　松

落叶松（*Larix gmelinii*）是我国大兴安岭针叶林的主要树种，木材蓄积量丰富，是该地区今后荒山造林和森林更新的主要树种。木材略重，硬度中等，易裂，边材淡黄色，心材黄褐色至红褐色，纹理直，结构细密，比重0.32～0.52，有树脂，耐久用。可供房屋建筑、土木工程、电杆、舟车、细木加工及木纤维工业原料等用。

热处理条件：加热介质为蒸汽，处理前木材水分状态为气干。热处理温度为180℃、200℃、220℃和230℃，每个温度处理1h、2h和3h（刘星雨，2010）。落叶松热处理材物理性质、颜色、力学性质及耐性变化见表5-9～表5-11和图5-3。

表5-9　落叶松热处理材物理性能变化（刘星雨，2010）

时间/h	20℃和湿度65%环境下平衡含水率/%				
	对照材	180℃	200℃	220℃	230℃
1		10.07	9.09	8.96	8.52
2	13.00	9.21	8.41	8.00	7.33
3		8.64	7.88	6.96	6.17

时间/h	全干密度/（g/cm³）				
	对照材	180℃	200℃	220℃	230℃
1		0.660（15.30）	0.640（14.28）	0.606（12.68）	0.611（9.11）
2	0.660（15.25）	0.630（14.76）	0.640（15.86）	0.609（13.18）	0.591（11.77）
3		0.640（16.22）	0.640（15.81）	0.602（10.35）	0.582（15.08）

时间/h	气干密度/（g/cm³）				
	对照材	180℃	200℃	220℃	230℃
1		0.690（14.78）	0.660（14.09）	0.630（12.47）	0.633（8.89）
2	0.690（14.55）	0.650（14.62）	0.670（15.76）	0.629（12.94）	0.609（11.55）
3		0.670（16.02）	0.670（15.76）	0.619（10.23）	0.598（15.07）

时间/h	全干体积干缩率/%				
	对照材	180℃	200℃	220℃	230℃
1		12.62（19.29）	12.70（15.22）	12.91（14.40）	13.39（16.15）
2	12.80（20.74）	12.77（13.92）	12.17（19.57）	12.10（11.33）	11.77（16.23）
3		12.56（17.59）	11.29（20.18）	10.87（14.90）	9.30（21.47）

时间/h	气干体积干缩率/%				
	对照材	180℃	200℃	220℃	230℃
1		6.16（24.62）	6.17（18.91）	6.92（17.31）	7.03（19.64）
2	5.97（25.02）	6.28（19.02）	5.93（25.89）	6.11（14.56）	5.94（20.38）
3		6.04（21.00）	5.65（25.64）	5.39（18.26）	4.55（26.30）

时间/h	气干时体积湿胀率/%				
	对照材	180℃	200℃	220℃	230℃
1		5.18（17.05）	4.61（14.45）	4.57（13.53）	4.64（13.34）
2	6.35（17.48）	4.67（12.90）	4.17（18.00）	4.31（12.94）	3.99（12.76）
3		4.32（13.73）	3.82（18.47）	3.87（15.42）	3.25（16.92）

时间/h	吸水后体积湿胀率/%				
	对照材	180℃	200℃	220℃	230℃
1		14.09（19.78）	13.53（15.60）	12.38（18.82）	13.18（16.74）
2	15.98（21.54）	13.81（14.95）	12.53（20.71）	12.68（15.94）	12.15（15.76）
3		13.41（16.85）	12.17（20.75）	11.74（17.17）	9.77（21.79）

注：括号内为变异系数（%）

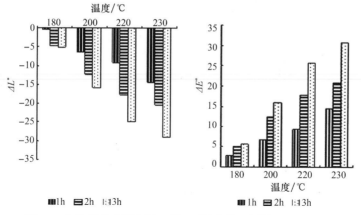

图5-3　热处理落叶松木材ΔL^*和ΔE^*的变化（刘星雨，2010）

表5-10　落叶松热处理材力学性能变化（刘星雨，2010）

时间/h	抗弯弹性模量/GPa				
	对照材	180℃	200℃	220℃	230℃
1		14.88（21.02）	15.09（24.17）	16.41（15.93）	15.00（35.20）
2	13.32（20.72）	14.63（22.27）	14.83（26.46）	17.51（13.36）	17.83（19.12）
3		15.74（25.27）	14.30（30.83）	16.33（24.26）	15.17（23.77）

时间/h	抗弯强度/MPa				
	对照材	180℃	200℃	220℃	230℃
1		123.78（27.90）	111.34（28.28）	90.05（30.17）	83.49（38.37）
2	119.61（20.03）	109.20（27.63）	92.29（42.09）	96.43（31.88）	82.78（30.66）
3		102.89（31.84）	85.43（45.30）	78.28（15.88）	69.48（31.92）

注：括号内为变异系数（%）

表5-11　落叶松热处理材耐腐性能变化（刘星雨，2010）

时间/h	天然耐褐腐菌等级				
	对照材	180℃	200℃	220℃	230℃
1		Ⅲ（32.63）	Ⅲ（25.90）	Ⅱ（19.28）	Ⅱ（19.45）
2	Ⅲ（40.26）	Ⅲ（27.41）	Ⅱ（22.88）	Ⅱ（22.01）	Ⅱ（17.50）
3		Ⅲ（25.99）	Ⅱ（19.15）	Ⅱ（19.06）	Ⅰ（9.76）

时间/h	天然耐白腐菌等级				
	对照材	180℃	200℃	220℃	230℃
1		Ⅲ（43.64）	Ⅲ（27.15）	Ⅱ（29.62）	Ⅱ（30.58）
2	Ⅳ（48.38）	Ⅲ（36.60）	Ⅱ（20.92）	Ⅱ（27.48）	Ⅱ（11.44）
3		Ⅲ（27.39）	Ⅱ（25.62）	Ⅱ（26.82）	Ⅰ（7.28）

注：括号内为损失率（%）。野外耐腐等级：对照材与热处理材均为强耐久等级；抗虫蛀等级：对照材与热处理材均为强耐久性

5.5　杉　木

杉木（*Cunninghamia lanceolata*）为我国长江流域、秦岭以南地区栽培最广、生长快、经济价值高的用材树种。栽培区北起秦岭南坡、河南桐柏山、安徽大别山、江苏句容和宜兴，南至广东信宜，广西玉林，云南文山州（广南县、麻栗坡县）、红河州（屏边苗族自治县）、昆明、曲靖（会泽县）、大理，东自江苏南部、浙江、福建北部和西部山区，西至四川大渡河流域（泸定磨西面以东地区）及西南部安宁河流域。垂直分布的上限常随地形和气候条件的不同而有差异。在东部大别山区分布于海拔700m以下，福建戴云山区分布于海拔1000m以下，四川峨眉山分布于海拔1800m以下，云南大理分布于海拔2500m以下。木材黄白色，有时心材带淡红褐色，质较软，细致，有香气，纹理直，易加工，比重为0.38，耐腐力强，不受白蚁蛀食。供建筑、桥梁、造船、矿柱、木桩、电杆、家具及木纤维工业原料等用。

热处理条件：加热介质为蒸汽，处理前木材含水率状态为气干。热处理温度为170℃、185℃、200℃、215℃和230℃，每个温度处理1h、2h、3h、4h和5h（曹永建，2008）。杉木心边材热处理材物理性质、颜色、力学性质及耐性变化见表5-12～表5-15。

表5-12　杉木心边材热处理材物理性能变化（曹永建，2008）

时间/h	杉木心材	全干密度/（g/cm³）				
		170℃	185℃	200℃	215℃	230℃
1		0.371（10.06）	0.370（15.78）	0.359（10.71）	0.355（11.52）	0.348（7.94）
2		0.363（14.59）	0.355（10.84）	0.352（10.23）	0.351（8.24）	0.337（9.99）
3	0.374（11.44）	0.358（10.60）	0.354（9.67）	0.350（10.09）	0.342（8.33）	0.330（9.71）
4		0.355（13.74）	0.349（10.00）	0.347（8.97）	0.337（10.30）	0.327（9.35）
5		0.354（9.71）	0.348（10.13）	0.341（8.84）	0.329（7.27）	0.317（7.45）

时间/h	杉木边材	全干密度/（g/cm³）				
		170℃	185℃	200℃	215℃	230℃
1		0.374（9.47）	0.370（10.17）	0.364（13.32）	0.364（10.90）	0.354（7.64）
2		0.367（9.81）	0.366（9.48）	0.361（5.96）	0.361（8.39）	0.345（9.32）
3	0.377（10.16）	0.365（9.79）	0.359（10.88）	0.350（10.23）	0.348（7.89）	0.343（9.11）
4		0.358（8.62）	0.351（8.96）	0.343（7.31）	0.336（7.74）	0.321（5.71）
5		0.358（7.99）	0.345（7.71）	0.339（6.79）	0.335（7.09）	0.318（8.25）

续表

时间/h	气干体积干缩率/%				
	杉木心材	170℃	185℃	200℃	215℃	230℃
1		4.67（9.65）	4.20（22.11）	4.15（26.00）	2.75（19.47）	2.25（14.00）
2		4.50（7.06）	4.12（12.51）	3.48（19.63）	2.46（20.79）	2.22（21.55）
3	4.71 （13.95）	4.46（15.38）	4.02（9.00）	3.27（23.02）	2.42（16.63）	2.15（20.12）
4		4.32（11.65）	3.89（15.34）	3.10（26.44）	2.22（23.59）	2.02（17.92）
5		3.94（17.73）	3.64（11.87）	2.88（28.64）	2.09（28.49）	1.96（12.46）

时间/h	气干体积干缩率/%				
	杉木边材	170℃	185℃	200℃	215℃	230℃
1		6.07（12.84）	6.02（17.45）	5.24（23.81）	4.02（17.21）	3.85（26.02）
2		5.86（16.12）	5.53（11.61）	4.61（24.02）	4.00（22.60）	3.16（29.37）
3	6.15 （8.07）	5.67（11.01）	5.47（20.53）	4.45（23.15）	3.61（20.23）	2.72（20.48）
4		5.44（12.65）	5.06（19.29）	3.84（17.67）	3.27（17.43）	2.38（24.53）
5		5.07（15.14）	4.89（25.05）	3.14（20.17）	3.51（20.86）	2.37（22.46）

时间/h	全干体积干缩率/%				
	杉木心材	170℃	185℃	200℃	215℃	230℃
1		9.76（8.32）	8.32（17.99）	8.11（22.58）	6.06（18.92）	5.02（9.58）
2		9.28（12.87）	7.70（17.21）	7.11（17.74）	5.52（21.29）	4.89（23.67）
3	10.37 （12.26）	9.19（19.25）	7.40（7.49）	6.78（20.87）	5.35（13.78）	4.46（18.52）
4		8.41（10.80）	6.94（9.89）	6.46（22.16）	5.02（20.87）	4.20（17.50）
5		8.06（16.52）	6.61（9.77）	6.00（22.79）	4.68（22.93）	4.00（7.07）

时间/h	全干体积干缩率/%				
	杉木边材	170℃	185℃	200℃	215℃	230℃
1		12.22（17.06）	11.50（16.12）	9.92（20.75）	8.73（13.43）	7.95（21.55）
2		12.08（11.21）	10.93（9.30）	8.96（17.46）	8.23（18.70）	6.59（25.11）
3	12.32 （5.98）	11.96（14.89）	10.56（17.18）	8.40（20.05）	7.56（16.61）	5.59（18.59）
4		11.72（7.09）	10.20（16.56）	8.08（14.94）	7.08（15.29）	5.09（14.53）
5		11.57（14.34）	9.90（21.95）	7.89（12.99）	6.90（11.83）	4.86（10.73）

时间/h	气干后体积湿胀率/%				
	杉木心材	170℃	185℃	200℃	215℃	230℃
1		3.70（8.08）	2.73（12.44）	2.41（16.14）	2.12（52.90）	1.84（13.16）
2		3.27（10.31）	2.54（18.61）	2.04（15.91）	1.58（10.89）	1.49（9.53）
3	4.12 （11.14）	2.77（11.20）	2.37（9.92）	1.80（18.31）	1.53（17.66）	1.31（9.45）
4		2.34（11.21）	2.21（16.60）	1.77（11.82）	1.42（7.17）	1.23（13.10）
5		2.24（22.90）	2.01（17.08）	1.60（13.64）	1.25（28.71）	1.13（9.27）

续表

时间/h	气干后体积湿胀率/%				
杉木边材	170℃	185℃	200℃	215℃	230℃
1	4.22（17.51）	3.97（9.83）	2.80（12.18）	2.42（11.09）	2.17（13.80）
2	3.91（10.00）	3.64（10.37）	2.73（9.01）	2.17（16.15）	2.06（20.42）
3　4.32（13.06）	3.84（12.49）	3.41（15.51）	2.50（20.56）	1.89（17.39）	1.47（29.93）
4	3.41（9.59）	3.27（7.68）	2.03（18.43）	1.79（13.78）	1.39（22.16）
5	3.31（12.98）	2.10（20.21）	1.83（18.41）	1.47（22.48）	1.26（19.85）

时间/h	吸水后体积湿胀率/%				
杉木心材	170℃	185℃	200℃	215℃	230℃
1	10.00（6.35）	9.40（9.14）	8.76（13.31）	7.91（15.19）	5.80（10.47）
2	9.49（15.85）	8.85（10.46）	8.10（10.95）	6.01（9.71）	5.52（7.61）
3　10.84（13.20）	9.19（13.26）	7.98（9.22）	7.75（8.86）	5.48（11.45）	5.21（12.89）
4	8.29（12.35）	7.65（11.72）	6.82（12.86）	5.05（9.97）	4.81（16.62）
5	7.87（13.57）	7.36（11.07）	6.44（25.66）	4.38（13.53）	4.27（6.60）

时间/h	吸水后体积湿胀率/%				
杉木边材	170℃	185℃	200℃	215℃	230℃
1	12.99（12.32）	12.66（9.98）	10.51（9.92）	8.28（12.75）	7.88（11.54）
2	12.52（6.79）	11.23（9.85）	10.49（12.20）	8.16（8.54）	7.46（17.10）
3　13.61（10.69）	12.42（9.18）	10.84（15.11）	9.10（16.01）	7.69（6.98）	6.74（12.62）
4	11.35（15.35）	10.28（13.13）	8.85（10.19）	7.22（8.79）	6.32（12.57）
5	10.90（9.81）	9.88（11.75）	8.42（8.80）	6.70（8.69）	5.81（19.61）

注：括号内为变异系数（%）

表5-13　杉木热处理材颜色变化（曹永建，2008）

时间/h	杉木心材ΔE^{*}				
	170℃	185℃	200℃	215℃	230℃
1	6.61（18.78）	12.34（27.36）	13.84（12.46）	14.58（10.90）	15.43（15.82）
2	7.62（10.64）	13.53（9.56）	15.19（10.23）	18.08（15.24）	20.98（6.25）
3	17.66（10.62）	23.31（6.99）	26.51（10.78）	29.25（7.24）	30.93（4.75）
4	24.61（7.79）	26.60（3.28）	27.18（3.62）	37.78（6.31）	38.74（5.54）
5	29.09（13.88）	30.23（5.87）	40.81（7.48）	41.73（4.37）	43.46（7.57）

续表

时间/h	杉木边材 ΔE^*				
	170℃	185℃	200℃	215℃	230℃
1	11.18（19.86）	11.76（24.60）	16.57（15.13）	17.83（10.60）	23.71（7.17）
2	18.87（10.85）	20.76（9.00）	22.56（9.96）	24.37（10.19）	29.94（9.52）
3	30.37（5.20）	37.17（7.11）	38.76（7.51）	43.89（4.91）	54.00（30.72）
4	40.08（4.77）	39.65（10.67）	46.03（2.37）	49.36（4.75）	56.31（5.39）
5	40.51（6.04）	48.51（4.99）	52.65（3.21）	53.04（2.39）	57.49（4.55）

注：括号内为变异系数（%）

表5-14　杉木热处理材力学性能变化（曹永建，2008）

时间/h	杉木心材	抗弯强度/MPa				
		170℃	185℃	200℃	215℃	230℃
1		72.46（13.75）	70.68（14.92）	66.63（12.45）	65.77（13.53）	65.02（15.17）
2		70.56（17.74）	66.87（18.58）	66.40（21.34）	65.35（19.88）	64.60（22.98）
3	73.07（15.04）	62.86（13.31）	61.41（19.47）	60.28（17.88）	57.80（10.41）	57.44（15.98）
4		55.68（16.77）	54.31（17.22）	53.08（14.20）	51.17（19.89）	48.21（19.22）
5		51.91（19.69）	48.60（20.03）	44.08（21.31）	41.71（26.44）	36.97（27.24）

时间/h	杉木边材	抗弯强度/MPa				
		170℃	185℃	200℃	215℃	230℃
1		73.45（13.89）	71.36（17.21）	70.02（12.28）	69.46（15.59）	68.85（13.93）
2		70.78（21.39）	68.10（13.13）	68.07（15.47）	65.19（20.96）	63.63（18.56）
3	69.05（13.81）	66.63（22.52）	59.79（22.14）	52.96（23.13）	47.71（16.45）	46.34（32.13）
4		59.11（26.92）	56.29（26.30）	50.27（22.08）	40.69（23.93）	38.40（30.82）
5		55.84（22.24）	50.18（28.63）	40.19（31.32）	38.26（27.56）	34.72（28.23）

时间/h	杉木心材	抗弯弹性模量/GPa				
		170℃	185℃	200℃	215℃	230℃
1		10.80（12.05）	10.88（11.09）	10.90（8.38）	10.72（13.72）	10.41（6.30）
2		10.69（11.27）	10.57（14.49）	10.54（8.78）	10.53（7.54）	10.29（7.58）
3	11.02（13.66）	10.66（11.44）	10.33（9.20）	10.43（7.85）	10.25（6.32）	10.07（11.09）
4		10.18（11.67）	9.97（13.03）	9.95（5.88）	9.92（10.61）	9.42（9.71）
5		9.41（11.69）	9.35（11.54）	8.96（12.49）	8.76（11.82）	8.60（11.12）

续表

时间/h	抗弯弹性模量/GPa					
	杉木边材	170℃	185℃	200℃	215℃	230℃
1		12.16（18.65）	12.37（22.37）	12.04（17.12）	11.61（15.48）	11.38（14.78）
2		12.35（10.13）	12.18（13.05）	11.53（15.47）	11.14（13.40）	10.37（10.23）
3	12.03（9.96）	11.98（19.66）	11.83（16.70）	11.19（9.33）	11.06（10.63）	10.12（13.80）
4		11.82（12.15）	11.14（23.44）	11.01（14.05）	10.27（15.59）	9.92（13.74）
5		11.45（14.57）	10.39（18.71）	10.09（13.01）	9.97（5.45）	9.33（9.79）

时间/h	弦切面硬度/MPa					
	杉木心材	170℃	185℃	200℃	215℃	230℃
1		10.22（12.91）	10.52（10.28）	11.48（11.31）	10.39（9.06）	9.25（17.03）
2		10.49（9.27）	10.70（8.55）	10.72（11.45）	9.67（18.30）	8.56（14.98）
3	10.19（12.75）	10.77（7.49）	10.68（7.59）	9.40（16.89）	8.72（20.98）	8.17（14.69）
4		9.91（12.25）	10.90（9.10）	9.25（15.30）	8.49（15.93）	8.04（14.17）
5		9.74（12.60）	9.86（12.95）	8.68（13.77）	8.19（12.59）	7.53（15.71）

时间/h	弦切面硬度/MPa					
	杉木边材	170℃	185℃	200℃	215℃	230℃
1		7.98（18.72）	8.35（21.32）	9.80（17.69）	8.19（29.18）	7.11（15.76）
2		8.59（16.66）	9.83（27.64）	10.09（20.36）	7.81（11.76）	6.86（12.82）
3	7.96（15.00）	8.76（23.51）	9.49（21.49）	8.02（21.60）	7.34（18.73）	6.71（21.60）
4		8.90（34.58）	9.01（30.38）	7.48（21.32）	7.13（18.44）	6.49（17.31）
5		8.95（19.54）	8.61（23.72）	7.25（26.37）	6.85（32.52）	6.02（16.40）

注：括号内为变异系数（%）

表5-15　杉木热处理材耐腐性变化（曹永建，2008）

时间/h	耐腐性等级											
	杉木心材	170℃	185℃	200℃	215℃	230℃	杉木边材	170℃	185℃	200℃	215℃	230℃
1		I	I	I	I	I	I	I	I	I	I	I
2		I	I	I	I	I		I	I	I	II	II
3	I	I	I	I	I	I		II	II	II	II	
4		I	I	I	I	I		II	II	I	I	
5		I	I	I	I	I		II	II	I	II	II

5.6 柞 木

柞木（*Quercus mongolica*）为蒙古栎，隶属于壳斗科栎属，落叶乔木；是我国东北林区中主要的次生林树种。在我国主要分布在东北、华北、西北地区，华中地区亦少量分布。木材边材淡褐色，心材淡灰褐色，气干密度为0.67~0.78g/cm³，材质坚硬，耐腐力强，干后易开裂。可供车船、建筑、坑木等用。

热处理条件：加热介质为蒸汽，处理前木材含水率状态为气干。热处理温度为160℃、180℃、200℃和220℃（江京辉，2013），具体热处理工艺见表5-16。温度、时间、热处理窑内压力与氧气浓度对柞木热处理材物理性质、力学性质的影响与颜色变化，见表5-17~表5-21。

表5-16 柞木木材热处理工艺（江京辉，2013）

工艺系列	温度/℃	时间/h	氧气浓度/%	热处理窑内压力/MPa
1	160、180、200、220	2, 4	2	0.1
2	180	2	4、6、8、10	0.1
3	220	2	4、6、8	0.1
4	200	4		0.2
5	160、180、200、220	4		0.4

表5-17 窑内压力与时间对柞木热处理材物理力学性能的影响（江京辉，2013）

窑内压力	20℃和湿度65%环境下平衡含水率/%					径向抗膨胀率/%			
	对照材	160℃	180℃	200℃	220℃	160℃	180℃	200℃	220℃
0.1MPa 2h		7.93	7.42	6.01	3.48	1.60	9.48	28.10	34.97
0.1MPa 4h	12.06	8.30	7.69	5.74	4.79	3.46	11.19	30.65	43.25
0.2MPa 4h								33.33	
0.4MPa 4h						21.04	34.66	39.24	42.93

窑内压力	弦向抗膨胀率/%				抗弯弹性模量/GPa				
	160℃	180℃	200℃	220℃	对照材	160℃	180℃	200℃	220℃
0.1MPa 2h	2.20	13.11	29.92	46.63		17.18	15.83	18.88	17.84
0.1MPa 4h	18.28	27.47	40.46	56.08	17.56	14.18	13.61	16.20	14.10
0.2MPa 4h			37.41					13.57	
0.4MPa 4h	20.41	30.25	45.26	60.13		13.70	15.44	14.45	13.24

续表

窑内压力	抗弯强度/MPa					顺纹抗压强度/MPa				
	对照材	160℃	180℃	200℃	220℃	对照材	160℃	180℃	200℃	220℃
0.1MPa　2h		96.80	88.78	75.56	50.75		46.99	43.51	47.73	44.26
0.1MPa　4h	116.61	91.28	83.25	79.40	50.49	55.86	52.20	52.38	49.32	43.43
0.2MPa　4h				64.96					40.67	
0.4MPa　4h		84.29	75.74	55.63	40.33		45.72	44.05	42.42	39.57

窑内压力	冲击韧性/（kJ/m²）				
	对照材	160℃	180℃	200℃	220℃
0.1MPa　2h		49.08	34.34	27.87	27.50
0.1MPa　4h	81.61	48.89	47.64	29.57	29.66
0.2MPa　4h				40.03	
0.4MPa　4h		45.76	36.12	28.06	24.89

表5-18　氧气浓度影响热处理材物理力学性能（江京辉，2013）

氧气浓度/%	平衡含水率/%			径向抗膨胀率/%		弦向抗膨胀率/%		抗弯弹性模量/GPa		
	对照材	180℃	200℃	180℃	200℃	180℃	200℃	对照材	180℃	200℃
2		7.93	5.02	9.48	34.97	13.11	46.63		15.83	17.84
4		9.43	5.01	7.53	37.05	22.85	47.71		13.29	15.53
6	12.06	9.40	4.94	10.73	40.30	22.07	53.67	17.56	14.43	17.56
8		9.37	4.59	8.70	44.84	26.45	54.15		12.93	17.94
10		9.13		8.43		23.83			13.47	

氧气浓度/%	抗弯强度/MPa			顺纹抗压强度/MPa			冲击韧性/（kJ/m²）		
	对照材	180℃	200℃	对照材	180℃	200℃	对照材	180℃	200℃
2		88.78	50.75	55.86	43.51	44.26		22.58	27.50
4		99.44	53.68		48.67	42.14		41.78	24.23
6	116.61	96.39	51.13		49.74	42.73	81.61	50.99	24.77
8		91.35	49.31		46.59	40.04		47.41	15.93
10		95.77			46.76			50.50	

表5-19　常压下热处理温度和时间对柞木木材颜色的影响（江京辉，2013）

温度	L^*		a^*		b^*		ΔE^*	
	2h	4h	2h	4h	2h	4h	2h	4h
常温（对照）	64.97	64.97	7.71	7.71	21.10	21.10		
160℃	61.22	61.44	7.14	7.36	20.49	20.97	4.12	3.78
180℃	58.67	57.06	6.87	7.73	19.96	21.10	6.65	8.06
200℃	50.86	47.36	8.01	7.76	20.04	18.49	14.21	17.87
220℃	36.32	37.15	6.89	7.08	12.72	13.69	29.89	28.83

表5-20 常压下热处理氧气浓度和温度对柞木木材颜色的影响（江京辉，2013）

氧气浓度/%	L^*		a^*		b^*		ΔE^*	
	180℃	220℃	180℃	220℃	180℃	220℃	180℃	220℃
2	58.67	36.32	6.87	6.89	19.96	12.72	6.65	29.89
4	57.66	34.78	7.60	5.79	20.83	10.86	7.66	31.97
6	56.21	34.10	6.81	6.02	19.59	10.90	9.03	32.59
8	57.37	35.20	7.53	6.41	20.90	11.60	7.86	31.34
10	56.89		6.75		19.60		8.30	

表5-21 热处理温度和压力对柞木木材颜色的影响（江京辉，2013）

温度/℃	L^*		a^*		b^*		ΔE^*	
	0.1MPa	0.4MPa	0.1MPa	0.4MPa	0.1MPa	0.4MPa	0.1MPa	0.4MPa
160	61.44	50.71	7.36	7.82	20.97	19.10	3.78	14.42
180	57.06	47.14	7.73	8.58	21.10	19.72	8.06	18.04
200	47.36	37.73	7.76	6.96	18.49	14.32	17.87	28.09
220	37.15	32.91	7.08	5.58	13.69	10.25	28.83	33.93

5.7 杨　木

　　杨属（*Populus*）分类系统又分为五大派：青杨派（Tacamahaca）、白杨派（Leuce）、黑杨派（Aigeiros）、胡杨派（Turanga）、大叶杨派（Leucoides）。毛白杨（*Populus tomentosa*）树干通常端直；树皮光滑或纵裂，常为灰白色。主要分布于华中、华北、西北、东北等地区。杨木工业化利用主要包括：大径级杨木主要用于生产胶合板、单板层积材、家具；小径级杨木用于生产纤维板、刨花板、造纸和火柴。

　　热处理条件：加热介质为蒸汽，处理前木材含水率状态为气干。热处理温度为170℃、185℃、200℃、215℃和230℃，每个温度处理1h、2h、3h、4h和5h（曹永建，2008）。杨木热处理材物理性质、颜色、力学性质及耐性变化见表5-22～表5-25。

表5-22　杨木热处理材物理性能变化（曹永建，2008）

时间/h	全干密度/（g/cm³）					
	对照材	170℃	185℃	200℃	215℃	230℃
1		0.443（8.86）	0.441（5.45）	0.433（4.84）	0.424（5.36）	0.412（5.60）
2		0.442（6.03）	0.432（5.49）	0.427（4.55）	0.417（4.87）	0.411（7.41）
3	0.446（5.03）	0.437（7.39）	0.429（6.08）	0.424（5.55）	0.413（5.97）	0.397（4.71）
4		0.434（5.16）	0.424（4.41）	0.416（5.52）	0.409（6.51）	0.392（6.25）
5		0.430（5.74）	0.421（6.23）	0.411（7.56）	0.396（6.63）	0.385（5.84）

时间/h	气干体积干缩率/%					
	对照材	170℃	185℃	200℃	215℃	230℃
1		6.41（3.82）	6.36（4.76）	6.16（10.34）	4.50（25.03）	3.29（19.51）
2		6.36（6.01）	5.95（8.72）	5.14（12.00）	3.25（10.13）	2.66（16.05）
3	6.47（4.73）	6.27（4.29）	5.71（10.73）	4.50（15.51）	3.18（14.08）	2.43（13.63）
4		6.01（4.66）	5.45（14.26）	4.25（23.45）	3.02（15.28）	2.34（15.23）
5		5.82（7.78）	5.40（8.19）	4.17（19.25）	2.53（20.55）	2.12（11.69）

时间/h	全干体积干缩率/%					
	对照材	170℃	185℃	200℃	215℃	230℃
1		10.87（4.92）	10.77（3.51）	10.08（9.11）	8.09（17.79）	6.14（15.15）
2		10.82（7.41）	10.39（7.85）	8.56（10.13）	6.63（6.99）	5.33（9.70）
3	10.98（2.84）	10.75（4.88）	9.90（8.26）	7.84（11.70）	6.37（11.73）	5.20（9.76）
4		10.34（15.03）	9.19（10.97）	7.54（16.80）	6.10（11.80）	5.21（12.02）
5		10.21（5.33）	8.96（6.54）	7.32（14.43）	5.47（14.59）	4.89（8.38）

时间/h	气干后体积湿胀率/%					
	对照材	170℃	185℃	200℃	215℃	230℃
1		2.53（12.50）	1.99（16.91）	1.79（10.23）	1.48（16.90）	1.39（7.56）
2		2.49（7.78）	1.86（19.02）	1.77（11.61）	1.38（8.53）	1.33（29.13）
3	2.63（14.32）	2.37（4.62）	1.65（15.07）	1.51（16.99）	1.27（14.65）	1.25（27.80）
4		1.93（17.62）	1.52（22.17）	1.44（17.57）	1.21（13.46）	1.21（13.64）
5		1.82（14.18）	1.48（11.24）	1.39（10.23）	1.14（35.91）	1.09（17.08）

时间/h	吸水后体积湿胀率/%					
	对照材	170℃	185℃	200℃	215℃	230℃
1		11.21（12.35）	10.66（5.02）	9.11（8.81）	7.76（13.88）	6.59（11.06）
2		10.84（11.34）	9.60（7.24）	8.16（11.60）	6.84（8.21）	5.70（8.69）
3	11.52（8.98）	10.69（5.81）	9.53（8.34）	7.75（6.49）	6.12（23.29）	5.53（14.85）
4		10.53（8.29）	9.20（10.62）	7.39（19.63）	5.97（7.72）	5.22（17.84）
5		10.29（7.81）	9.11（8.35）	6.70（6.14）	5.81（10.37）	5.02（7.57）

注：括号内为变异系数（%）

表5-23　**杨木热处理材颜色变化**（曹永建，2008）

温度/℃	ΔE^*				
	1h	2h	3h	4h	5h
170	13.98（9.14）	19.21（11.51）	33.53（4.99）	46.74（4.10）	54.61（4.18）
185	18.31（13.90）	22.68（8.68）	42.06（5.12）	50.98（5.23）	56.25（4.97）
200	21.47（7.44）	28.20（7.01）	47.01（6.23）	55.27（1.20）	60.98（2.51）
215	22.65（6.85）	35.41（3.92）	48.64（4.76）	58.79（3.96）	61.35（2.03）
230	25.19（7.98）	37.64（3.24）	49.89（4.49）	59.67（3.46）	62.00（1.62）

注：括号内为变异系数（%）

表5-24　**杨木热处理材力学强度变化**（曹永建，2008）

时间/h	抗弯强度/MPa					
	对照材	170℃	185℃	200℃	215℃	230℃
1		78.17（12.06）	78.83（15.79）	81.59（13.80）	76.99（9.74）	76.48（6.30）
2		80.30（14.45）	73.89（10.36）	73.14（12.74）	66.48（13.86）	66.17（20.19）
3	73.32（5.94）	64.44（19.00）	59.63（19.51）	51.71（26.91）	48.71（21.73）	47.51（25.06）
4		54.88（22.18）	49.10（19.54）	47.18（18.30）	41.63（29.13）	36.97（15.93）
5		43.32（22.30）	42.25（22.28）	37.69（24.82）	36.01（28.04）	33.58（25.80）

时间/h	抗弯弹性模量/GPa					
	对照材	170℃	185℃	200℃	215℃	230℃
1		11.71（5.81）	11.81（9.98）	11.67（7.10）	11.35（5.87）	11.30（7.29）
2		11.43（12.88）	11.23（11.86）	11.08（11.94）	10.95（11.52）	10.74（7.69）
3	10.20（4.79）	11.49（9.91）	11.43（8.19）	11.38（9.28）	11.27（5.25）	11.04（9.82）
4		11.48（6.05）	11.35（5.73）	11.21（8.30）	10.95（10.09）	10.69（7.84）
5		11.22（9.96）	11.10（12.31）	10.81（13.41）	10.70（11.62）	10.48（8.24）

时间/h	弦切面硬度/MPa					
	对照材	170℃	185℃	200℃	215℃	230℃
1		9.93（11.04）	9.48（7.09）	10.02（7.61）	10.96（10.65）	10.33（9.88）
2		9.52（8.23）	10.58（9.45）	10.63（13.51）	11.27（12.39）	9.76（15.83）
3	9.96（10.45）	9.53（14.41）	10.09（8.18）	11.53（13.41）	9.66（11.49）	8.94（17.01）
4		10.18（13.81）	9.90（9.11）	9.88（9.23）	8.94（10.96）	8.24（17.20）
5		10.62（9.91）	9.77（7.97）	8.84（16.88）	8.84（10.88）	7.76（16.01）

注：括号内为变异系数（%）

表5-25　杨木热处理材耐腐性变化（曹永建，2008）

时间/h	耐腐性等级					
	常温（对照）	170℃	185℃	200℃	215℃	230℃
1		IV	III	III	III	II
2		III	III	III	II	I
3	IV	III	III	III	II	I
4		III	III	III	II	I
5		III	III	II	II	I

5.8　橡　胶　木

橡胶树（*Hevea brasiliensis*）盛产于东南亚国家，我国分布于云南、海南及其他沿海。橡胶树的主干——橡胶木是乳胶的原料来源。实生树的经济寿命为15～20年，芽接树为15～20年，生长寿命约20年。心、边材区分不明显的散孔材，心材浅黄色至黄红褐色，边材色浅。材质较轻软，气干密度为0.40～0.64g/cm³。生长轮略明显至不明显。主要用于制作家具、砧板及木芯板和家具饰品等。

热处理条件：加热介质为蒸汽，水分状态为气干。处理温度170℃、185℃、200℃和215℃，处理时间为3h。橡胶木热处理材物理性质、力学性质及耐性变化见表5-26～表5-28。

表5-26　热处理橡胶木物理性能变化（秦韶山等，2011）

温度	平衡含水率/%	吸水率/%	弦向干缩率/%	弦向湿胀率/%	气干密度/（g/cm³）
常温（对照）	11.77（3.20）	102.37（11.39）	6.06（2.79）	2.20（10.41）	0.64（7.20）
170℃	7.73（5.29）	98.67（8.55）	5.87（12.58）	1.37（12.44）	0.63（5.65）
185℃	6.78（6.62）	95.75（9.48）	5.51（8.96）	1.06（13.27）	0.63（6.82）
200℃	5.05（3.09）	97.10（3.57）	4.03（15.48）	0.74（18.97）	0.62（3.32）
215℃	4.36（2.08）	95.84（5.61）	2.92（11.55）	0.66（19.55）	0.52（9.29）

注：括号内为变异系数（%）

表5-27　热处理橡胶木物理力学性能变化（秦韶山等，2011）

温度	弦向局部横纹抗压强度/MPa	径向局部横纹抗压强度/MPa	弦面硬度/MPa	抗弯弹性模量/GPa	抗弯强度/MPa
常温（对照）	5.58（26.50）	9.36（18.03）	28.75（12.46）	6.27（18.34）	74.48（12.59）
170℃	6.61（11.52）	9.77（22.86）	29.46（11.67）	7.25（13.25）	67.58（11.62）
185℃	6.82（22.38）	12.57（12.31）	27.44（14.85）	6.21（13.83）	60.04（15.95）
200℃	6.40（23.42）	9.86（18.55）	22.03（7.76）	6.79（14.15）	52.70（15.09）
215℃	5.38（19.89）	10.87（15.67）	21.65（9.97）	6.54（11.44）	46.53（14.91）

注：括号内为变异系数（%），抗弯弹性模量为3点弯曲测试

表5-28 热处理橡胶木的室内外耐腐朽性能（李晓文等，2012）

处理温度	室内耐腐朽质量损失率/%		野外埋地防白蚁性能	
	密黏褶菌	彩绒革盖菌	腐朽	白蚁蛀蚀
常温（对照）	51.60	27.60	6.80	6.20
170℃	50.80	24.40	8.10	4.00
185℃	45.70	14.20	8.60	8.40
200℃	32.10	8.80	7.80	3.00
215℃	21.60	6.80	8.90	6.40

注：试件完好指数评价：0表示试件已完全腐朽，或被白蚁蛀断；10表示试件完好，无腐朽、无白蚁蛀蚀迹象；根据试件腐朽或被蛀蚀的程度，在0与10之间取值

5.9 桉 木

桉树（*Eucalyptus robusta*）原产地主要是澳大利亚，19世纪引种至世界各地，到2012年，96个国家或地区有栽培。我国主要分布在福建、广西、广东、云南和四川等地。桉木大多重且较坚硬，抗腐能力强，可用于建筑、枕木、矿柱、桩木、家具、火柴、农具、电杆、围栏及碳材等。

热处理条件：真空负压，压力为-0.07MPa，加热介质为蒸汽，含水率状态为气干。处理温度180℃、190℃、200℃、210℃和220℃，处理时间为1h、2h、3h、4h和5h；处理树种：尾叶桉（*Eucalyptus urophylla*）、巨桉（*Eucalyptus grandis*）和尾巨桉（*Eucalyptus urophylla* × *Eucalyptus grandis*）（曹永建等，2015，2017，2018）。桉树热处理材物理性质、力学性质及颜色变化见表5-29～表5-31。

表5-29 尾叶桉热处理材物理力学性质与颜色变化（曹永建等，2018）

时间/h	气干体积干缩率/%					
	对照材	180℃	190℃	200℃	210℃	220℃
1		6.67	6.53	5.17	5.09	3.99
2		6.60	6.44	4.73	4.48	3.43
3	6.73	6.51	6.24	4.53	4.11	3.29
4		6.47	5.98	4.47	3.94	3.13
5		6.11	5.14	3.48	3.02	2.14

续表

时间/h	全干体积干缩率/%					
	对照材	180℃	190℃	200℃	210℃	220℃
1		11.94	11.81	11.70	11.26	10.00
2		11.67	11.27	10.98	10.54	8.73
3	12.09	11.49	10.95	10.61	10.43	8.56
4		11.09	10.68	10.41	10.29	7.34
5		10.86	9.89	8.97	8.77	5.88

时间/h	全干–气干体积湿胀率/%					
	对照材	180℃	190℃	200℃	210℃	220℃
1		4.83	4.81	4.37	4.08	3.84
2		4.02	4.00	3.80	3.66	2.82
3	4.97	3.94	3.79	3.40	3.29	2.62
4		3.65	3.56	3.38	3.20	2.30
5		3.34	3.07	2.75	2.58	2.06

时间/h	全干–饱和体积湿胀率/%					
	对照材	180℃	190℃	200℃	210℃	220℃
1		13.39	12.90	11.51	10.63	10.40
2		12.06	11.63	11.20	10.40	9.06
3	14.34	11.62	11.10	9.98	9.67	8.97
4		11.09	10.61	9.32	9.15	7.29
5		10.11	9.45	8.93	8.30	5.84

时间/h	抗弯弹性模量/GPa					
	对照材	180℃	190℃	200℃	210℃	220℃
1		8.51（9.46）	8.71（18.32）	9.45（18.82）	7.88（22.15）	6.35（25.23）
2		8.24（14.58）	8.55（26.57）	8.93（13.22）	7.37（28.43）	7.66（25.56）
3	8.64（15.79）	8.18（20.52）	8.23（17.71）	8.80（23.37）	7.16（24.93）	9.77（13.65）
4		7.91（17.95）	9.16（24.89）	7.66（25.53）	6.34（29.05）	7.14（18.20）
5		7.76（26.49）	8.48（24.70）	6.34（25.09）	6.72（22.89）	7.36（14.67）

时间/h	抗弯强度/MPa					
	对照材	180℃	190℃	200℃	210℃	220℃
1		64.57（19.58）	74.04（24.22）	64.13（29.16）	56.60（20.26）	35.38（28.06）
2		47.39（28.33）	53.29（26.95）	44.90（21.20）	32.39（26.42）	21.96（24.56）
3	73.92（16.34）	50.22（25.29）	50.40（27.26）	37.22（25.60）	22.04（29.09）	39.78（25.79）
4		34.98（18.18）	44.68（21.47）	26.97（25.43）	22.50（23.23）	18.20（25.43）
5		35.29（31.89）	38.27（33.37）	23.67（21.93）	22.13（26.11）	22.40（26.67）

续表

时间/h	ΔE^*				
	180℃	190℃	200℃	210℃	220℃
1	5.13	5.17	5.83	4.54	10.33
2	9.44	8.78	9.57	9.35	22.24
3	8.75	12.88	18.49	18.93	22.98
4	7.26	14.59	16.72	17.09	32.44
5	15.08	18.51	25.59	26.82	35.76

注：括号内为变异系数（%），抗弯弹性模量为3点弯曲测试

表5-30　巨桉热处理材物理力学性质与颜色变化（曹永建等，2015，2017）

时间/h	气干体积干缩率/%					
	对照材	180℃	190℃	200℃	210℃	220℃
1		6.40	6.12	4.05	4.03	3.86
2		6.17	6.08	4.00	3.74	3.33
3	6.83	5.92	5.74	3.61	3.23	2.89
4		5.72	4.99	3.17	3.20	2.75
5		5.25	4.08	2.97	2.27	1.62

时间/h	全干体积干缩率/%					
	对照材	180℃	190℃	200℃	210℃	220℃
1		11.42	10.79	10.09	9.62	9.35
2		11.20	10.56	9.82	9.45	8.25
3	11.48	10.99	10.12	8.67	7.72	7.65
4		10.49	9.32	8.04	7.49	5.85
5		10.27	8.69	7.61	5.82	5.51

时间/h	全干–气干体积湿胀率/%					
	对照材	180℃	190℃	200℃	210℃	220℃
1		4.22	4.10	3.86	3.71	3.60
2		4.03	3.86	3.52	3.42	2.63
3	4.78	3.88	3.63	3.03	2.63	2.54
4		3.65	2.98	2.77	2.43	1.97
5		3.29	2.83	2.54	2.01	1.89

续表

时间/h	全干–饱和体积湿胀率/%					
	对照材	180℃	190℃	200℃	210℃	220℃
1		12.60	12.38	11.15	9.92	9.80
2		12.21	12.23	10.14	9.36	8.97
3	14.29	11.74	11.48	9.17	8.50	8.10
4		11.44	9.63	8.52	8.23	5.98
5		11.05	9.51	8.21	6.44	5.71

时间/h	抗弯弹性模量/GPa					
	对照材	180℃	190℃	200℃	210℃	220℃
1		7.91（14.40）	7.39（21.06）	8.29（13.00）	6.27（18.37）	6.48（19.53）
2		7.98（18.18）	7.68（17.41）	7.84（17.14）	7.09（15.23）	6.46（18.63）
3	7.80 （13.62）	8.44（22.61）	8.08（22.30）	7.57（12.79）	6.57（21.84）	7.96（10.86）
4		6.72（22.01）	8.38（20.63）	7.52（12.68）	6.54（19.17）	6.34（18.40）
5		8.54（23.39）	7.77（23.56）	6.52（22.81）	5.54（14.83）	6.07（14.12）

时间/h	抗弯强度/MPa					
	对照材	180℃	190℃	200℃	210℃	220℃
1		49.26（20.41）	45.71（25.22）	32.43（26.11）	28.50（22.16）	36.94（23.25）
2		57.41（18.37）	41.42（25.91）	29.23（26.92）	29.82（24.62）	20.49（24.52）
3	59.28 （19.36）	49.95（22.92）	42.33（27.03）	33.42（26.38）	18.47（26.77）	27.15（28.11）
4		41.51（24.96）	33.73（28.28）	26.07（25.08）	24.44（23.35）	16.52（20.18）
5		35.74（20.81）	32.57（25.40）	24.95（27.49）	20.07（24.69）	19.22（27.45）

时间/h	ΔE^{*}				
	180℃	190℃	200℃	210℃	220℃
1	7.47	5.38	7.27	8.30	9.28
2	4.26	4.77	12.68	10.11	16.40
3	5.47	9.12	10.21	21.89	20.01
4	6.31	12.87	16.85	16.48	33.38
5	9.98	11.49	17.54	28.51	33.99

注：括号内为变异系数（%），抗弯弹性模量为3点弯曲测试

表5-31 尾巨桉热处理材物理力学性质与颜色变化（曹永建等，2015，2017）

时间/h				气干体积干缩率/%		
	对照材	180℃	190℃	200℃	210℃	220℃
1		7.08	6.90	4.59	4.45	3.84
2		7.01	6.77	4.51	4.29	3.74
3	7.43	6.45	6.35	3.68	3.57	3.47
4		6.33	6.13	3.57	3.42	3.32
5		6.13	5.14	3.43	2.92	2.20

时间/h				全干体积干缩率/%		
	对照材	180℃	190℃	200℃	210℃	220℃
1		12.42	12.03	11.75	11.32	9.59
2		12.30	11.95	10.96	10.64	9.37
3	12.96	11.00	10.58	9.14	8.98	8.76
4		10.84	10.21	8.85	8.31	7.97
5		10.49	9.51	8.45	7.52	6.27

时间/h				全干–气干体积湿胀率/%		
	对照材	180℃	190℃	200℃	210℃	220℃
1		4.93	4.60	4.56	4.47	3.33
2		4.56	4.49	4.25	3.82	2.92
3	5.27	3.85	3.74	3.04	2.86	2.71
4		3.47	3.13	2.67	2.42	2.33
5		3.32	2.85	2.46	2.20	2.15

时间/h				全干–饱和体积湿胀率/%		
	对照材	180℃	190℃	200℃	210℃	220℃
1		14.61	13.87	12.65	11.87	10.03
2		14.06	13.39	11.91	11.53	8.84
3	15.66	12.55	12.00	9.89	8.34	8.14
4		11.76	11.11	8.51	7.45	7.20
5		11.11	10.07	8.04	6.61	5.49

时间/h				抗弯弹性模量/GPa		
	对照材	180℃	190℃	200℃	210℃	220℃
1		8.79（16.34）	8.29（15.36）	9.52（15.03）	7.54（16.64）	7.13（24.40）
2		9.83（15.33）	7.23（15.32）	8.74（24.28）	7.45（23.92）	7.17（17.05）
3	8.41（18.48）	8.84（16.19）	7.55（20.80）	7.78（22.21）	6.93（21.03）	9.25（12.49）
4		7.69（19.08）	9.74（21.04）	7.81（23.14）	6.03（21.13）	7.58（28.83）
5		9.99（17.19）	9.07（14.63）	5.99（27.13）	6.01（26.32）	6.55（13.68）

续表

时间/h	抗弯强度/MPa					
	对照材	180℃	190℃	200℃	210℃	220℃
1	73.83 (14.76)	69.93 (19.50)	53.24 (28.71)	54.64 (30.59)	46.33 (29.16)	21.78 (22.32)
2		70.13 (24.68)	31.20 (17.36)	56.56 (28.05)	34.80 (26.61)	29.69 (29.11)
3		48.98 (27.82)	33.92 (37.88)	28.28 (26.17)	25.97 (57.42)	33.36 (29.80)
4		58.60 (28.91)	53.94 (28.27)	25.20 (26.36)	23.55 (46.64)	23.75 (34.88)
5		51.38 (28.75)	30.74 (31.60)	23.07 (42.15)	18.99 (20.45)	24.24 (36.45)

时间/h	ΔE^*				
	180℃	190℃	200℃	210℃	220℃
1	4.99	7.35	6.24	4.33	14.16
2	5.46	4.28	6.54	12.87	13.08
3	10.09	16.93	17.88	21.97	26.98
4	9.56	12.00	12.54	23.63	27.89
5	11.29	16.32	21.48	25.16	39.59

注：括号内为变异系数（%），抗弯弹性模量为3点弯曲测试

　　上述为樟子松、马尾松、扭叶松、落叶松、杉木、柞木、杨树、橡胶树和桉树等9个树种高温热处理材物理和力学性能及其变化规律在其他章节有所阐述，在此不再介绍，这些基础数据仅供研究学者和企业技术人员参考使用。下一步将补充完善其他树种高热处理材物理和力学性能。

主要参考文献

曹永建. 2008. 蒸汽介质热处理材性质及其强度损失控制原理. 中国林业科学研究院博士学位论文.
曹永建, 李兴伟, 王剑菁, 等. 2015. 高温干燥处理对桉树木材抗干缩性能的影响研究. 广东林业科技, 31(2): 78-83.
曹永建, 李兴伟, 王颂, 等. 2018. 高温热处理对尾叶桉木材颜色的影响. 林业与环境科学, 34(1): 18-20.
曹永建, 王颂, 李怡欣, 等. 2017. 热处理对桉树木材抗湿胀性能的影响. 林业与环境科学, 33(6): 20-23.
郭飞. 2015. 高温热处理对马尾松蓝变材性能的影响及其聚类分析. 中国林业科学研究院硕士学位论文.
江京辉. 2013. 过热蒸汽处理柞木性质变化规律及机理研究. 中国林业科学研究院博士学位论文.
李晓文, 李民, 秦韶山, 等. 2012. 高温热改性橡胶木的生物耐久性. 林业科学, 48(4): 108-112.
刘星雨. 2010. 高温热处理材的性能及分类方法探索. 中国林业科学研究院硕士学位论文.
秦韶山, 李民, 李晓文, 等. 2011. 处理温度对高温热改性橡胶木物理力学性能的影响. 热带作物学报, 32(3): 533-539.

6 高温热处理材的应用与维护

木材，自古以来就与人类的衣食住行用密不可分，木制品贯穿于人类生活的各个环节。早在远古时代，木材热处理方法就已经被应用于处理木柱接触地面的一端以增强耐久性，非洲一些国家木制矛的矛尖就是经锤击和加热处理反复交替而制成，这样处理的矛尖更加坚硬（Rowell et al.，2002）。历经数千年，木制品的种类越来越多，应用领域也越来越广泛，伴随着发展起来的木材改性加工技术也日新月异、层出不穷。木材高温热处理技术作为一种环境友好型木材改性技术，其产品具有更好的尺寸稳定性、耐久性及更深的颜色，且整个处理过程中不添加任何有毒、有害的化学物质，处理后的产品属于绿色、环保型材料，加之高温热处理材自身的天然纹理美观大方、质感细腻温和，因此，高温热处理材制品深受消费者的青睐。近年来，随着环保意识的不断提升，木材工业正朝着绿色、环保方向快速发展，高温热处理材及其制品更是在木材市场上独树一帜，具有广泛的市场前景。

高温热处理材广泛应用于室内木地板、家具、室内装饰装修、内外墙板、吊顶及户外用材，如户外栅栏、景观用材、木栈道、户外家具等。此外，在一些特殊领域（如乐器、工艺品等）也有广泛的应用。一般来说，处理温度160～210℃时，处理材强度变化不大。例如，家具、地板、承重结构、桑拿凳和其他室内用材；处理温度210～230℃时，处理材的机械强度有所降低，但尺寸稳定性、防腐性能均有了极大提高，适用于庭院家具、公园木结构、门窗、码头用材及木制品等；处理温度高于230℃时，处理材机械强度降低了许多，但尺寸稳定性非常好，常用于室外材料（如外墙板等），但一般不易直接接触地面使用。

高温热处理材和未处理材一样，作为一种天然生物质材料，其主要成分是碳水化合物和非碳水化合物。其中，碳水化合物主要是多糖类，约占木材物质的75%，包括纤维素、半纤维素、果胶质及水溶性多糖（如阿拉伯糖基-半乳聚糖等）（成俊卿，1985），这些多糖类物质恰好是各类微生物赖以生存的营养物质，为此木材在运输、储存、加工和使用过程中都极易遭受霉菌、微生物、昆虫等生物败坏因子的侵蚀，以及受光、热等作用而导致材性劣化。为此，常需要通过控制其应用环境或采用不同的药剂（防霉剂、防腐剂、阻燃剂、防水剂等）或涂料对木材进行预处理，以提高木材的耐久性，延长其使用期限。

本章主要介绍高温热处理材的应用及其维护。

6.1 热处理材的室内应用

6.1.1 实木地板

用实木直接加工而成的地板，称为实木地板［《实木地板 第1部分：技术要求》（GB/T 15036.1—2009）］。在160～230℃的过热蒸汽介质中，对木材进行一定时间的热处理后加工而成的实木地板，称为热处理实木地板［《热处理实木地板》（GB/T 28992—2012）］。

目前常用的实木地板木材主要有圆盘豆木、山核桃木、朴木、樱桃木、纽墩豆木、桃花心木、栎木、柞木、格木、印茄木、柚木、黑胡桃木、红橡木、白橡木、楸木等。热处理实木地板应用实例如图6-1～图6-9所示。

图6-1 圆盘豆实木地板
（彩图请扫封底二维码）

图6-2 樱桃木实木地板
（彩图请扫封底二维码）

图6-3 黑胡桃实木地板
（彩图请扫封底二维码）

图6-4 番龙眼实木地板
（彩图请扫封底二维码）

图6-5　桃花心实木地板
（彩图请扫封底二维码）

图6-6　柚木实木地板
（彩图请扫封底二维码）

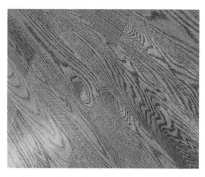

图6-7　橡木（美国红橡）实木地板
（彩图请扫封底二维码）

图6-8　橡木（法国白橡）实木地板
（彩图请扫封底二维码）

图6-9　杨木热处理材实木地板（彩图请扫封底二维码）

6.1.2　实木复合地板

实木复合地板是指以实木拼板或单板（含重组装饰单板）为面板，以实木拼板、单板或胶合板为芯层或底层，经不同组合层压加工而成的地板。实木复合地板的名称是以面板树种来确定地板树种名称（面板为不同树种的拼花地板除外）。就种类来说，一般分为两层、三层及多层实木复合地板［《实木复合地板》（GB/T 18103—2013）］。

常用于实木复合地板面板的木材主要有黑胡桃木、槭木、栎木、桃花心木、山核桃木、亚花梨木、柚木、海棠木、白榆木、桦木、橡木、楸木、筒状非洲楝木等。一般来说，两层实木复合地板和三层实木复合地板的面板厚度应不小于2mm，多层实木复合地板的面板厚度通常应不小于0.6mm。高温热处理温度一般均在200℃以下。实木复合地板如图6-10所示。

图6-10　热处理实木复合地板样式（彩图请扫封底二维码）

6.1.3　室内用墙板

热处理材具有良好的尺寸稳定性，材色均匀，色泽均匀饱满，视觉效果极佳。当用于室内装饰、装修时，可充分发挥木材的调温调湿功能，营造一个舒适的空间。目前常用的木材有松木、云杉–松木–杉木（SPF）、泡桐木、橡木、杉木、南方松、樟子松等。室内用墙板应用实例如图6-11所示。

图6-11　热处理实木墙板（彩图请扫封底二维码）

6.1.4　室内木质门

木材经过高温热处理后，尺寸稳定性得到极大提高，根据木材种类、处理工艺条件的不同，尺寸稳定性一般可提高50%以上，甚至高达95%。目前常用的木材有杨木、鹅掌楸木、橡胶木、橡木、松木、柞木、格木等。室内木质门应用实例如图6-12所示。

图6-12　热处理实木门（彩图请扫封底二维码）

6.1.5　室内家具

杨树是我国北方地区种植最为广泛的人工林树种。杨木经过高温热处理之后，材色加深，更具光泽感，纹理美丽大观，质感更佳，可广泛应用于制作茶几、沙发椅、坐凳、楼梯扶手、写字台等各类室内用家具及墙板类装饰材料，加深的材色显得家具更显典雅、高贵，有轻奢风范。目前常用的木材有杨木、松木、榆木、橡木、柞木、格木等。室内家具应用实例如图6-13～图6-24所示。

图6-13　热处理材制作的桌凳　　　　图6-14　热处理材制作的椅子
（彩图请扫封底二维码）　　　　　　（彩图请扫封底二维码）

图6-15　热处理杨木制作的沙发椅
（彩图请扫封底二维码）

图6-16　热处理杨木制作的茶几
（彩图请扫封底二维码）

图6-17　热处理杨木制作的床头柜、梳妆台
（彩图请扫封底二维码）

图6-18　热处理杨木制作的写字台
（彩图请扫封底二维码）

图6-19　热处理杨木制作的酒柜子、餐桌椅
（彩图请扫封底二维码）

图6-20　热处理杨木制作的楼梯板及扶手
（彩图请扫封底二维码）

图6-21　热处理杨木制作的茶台（彩图请扫封底二维码）

图6-22　雕刻木门（杨木热处理材）
（彩图请扫封底二维码）

图6-23　雕刻楼梯扶手（杨木热处理材）
（彩图请扫封底二维码）

图6-24　全屋室内装饰装修（杨木热处理材）（彩图请扫封底二维码）

6.1.6　桑拿房

　　木材经过高温热处理后，尺寸稳定性得到极大提高，加之木材本身具有较好的保温、隔热、绝缘性能，可提高建筑的保温节能性能。目前常用的木材有杉木、樟子松、南方松、辐射松、SPF等。热处理材在桑拿房的应用实例如图6-25所示。

图6-25　热处理材桑拿房（彩图请扫封底二维码）

6.1.7　天花吊顶

　　热处理材应用于天花吊顶时，由于是作为非承重构件，因此可采用更高的热处理温度，以加深木材的颜色，同时赋予热处理材更高的尺寸稳定性。更深的颜色可使其材色类似于名贵木材的颜色，提高产品的附加值。目前常用木材有杉木、SPF等。热处理材在天花吊顶领域的应用实例如图6-26和图6-27所示。

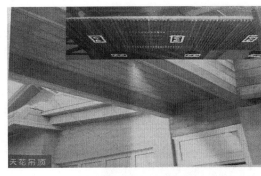

图6-26　热处理材吊顶　　　　　图6-27　热处理材吊顶
（彩图请扫封底二维码）　　　　（彩图请扫封底二维码）

6.2 热处理材的户外应用

　　木材经高温热处理后，其尺寸稳定性、耐腐性能显著提高，其制品可广泛应用于户外。当前，高温热处理材户外应用领域主要有户外地板、户外墙板、户外家具、花架木亭、阳光房等，具体应用实例如图6-28～图6-41所示。

图6-28　热处理材户外地板
（彩图请扫封底二维码）

图6-29　热处理材户外墙板
（彩图请扫封底二维码）

图6-30　热处理材户外家具
（彩图请扫封底二维码）

图6-31　热处理材户外花架
（彩图请扫封底二维码）

图6-32　热处理材户外凉亭
（彩图请扫封底二维码）

图6-33　热处理材阳光房
（彩图请扫封底二维码）

图6-34　热处理材木屋
（彩图请扫封底二维码）

图6-35　热处理材户外平台
（彩图请扫封底二维码）

图6-36　热处理材木栈道及木亭
（彩图请扫封底二维码）

图6-37　热处理材长廊及栅栏
（彩图请扫封底二维码）

图6-38　樟子松热处理材户外凳
（彩图请扫封底二维码）

图6-39　南方松热处理材户外凳
（彩图请扫封底二维码）

图6-40 樟子松热处理材秋千椅套装　　　　图6-41 樟子松热处理材长廊坐凳
（彩图请扫封底二维码）　　　　　　　（彩图请扫封底二维码）

6.3 热处理材的维护

高温热处理材和未处理材均需进行定期维护，尤其是在户外使用时。高温热处理材具有更好的尺寸稳定性和耐腐性，但其抗紫外线性能、涂饰性能、抗白蚁侵蚀性能均有不同程度的降低。因此，在使用过程中需要定期维护与保养。

6.3.1 油漆和涂料防护

高温热处理材与未处理材相似，都需要进行使用维护，尤其是户外使用。由于高温热处理材的吸水能力随着平衡含水率的降低而降低，因此水基表面处理产品需要稍长的干燥和吸收时间。由于热处理过程中高温将树脂从木材中除去，所以在表面处理和维护过程中节子不需要特殊的处理。每年应检查高温热处理材表面的状况，产品的缺陷或损坏通常是结构性破坏开始的标志，检查时发现缺陷应立即进行维护。根据缺陷的程度进行不同的维护，如表面严重污染或稍微发霉但表面仍完好无损时，只要对表面进行清洗即可（International ThermalWood Association，2003）。

根据高温热处理材不同的表面处理方式及不同的实际用途，表面处理的维护周期也不相同，尤其是户外建筑物使用时很容易受到风化和环境的侵蚀，对高温热处理材产品的维护就更加重要。通常认为，用半透明木材涂料保护高温热处理材表面应在2～5年内再次进行表面处理，而用不透明涂料处理的高温热处理材表面间隔为8～12年。油漆和涂料维护周期的影响因素比较多，如产品所处建筑物的方向、阳光照射方向、风向、降雨等都会对维护周期产生巨大影响。不同表面涂饰方式的高温热处理材产品保养的周期也不相同，使用的涂料颜料越多，保养的周期越长。不过使用带颜料的涂料会遮盖高温热处理材产品本身的颜色和外观，根据经验，使用含颜料透明涂料的保养周期是不含颜料涂料保养周期的2～3倍。此外，不透明颜料的保养周期是含颜料透明涂料保养周期的两倍（International ThermalWood Association，2003）。

环境和气候对高温热处理材涂料的生命周期有着显著的影响，表面处理能克服紫外线辐射（主要来自太阳光和湿气）对高温热处理材的侵蚀，建筑物南侧比北侧需要更多的维护（向阳墙面的保护要多于背阴墙面）。此外，大陆气候中高温热处理材的生命周期普遍长于临海建筑。为了最好地保持涂饰性能、减少涂饰的破坏，必须定期检查、清理涂饰表面，一旦破坏就立即修复（International ThermalWood Association，2003）。

如果高温热处理材旧的涂层完好无损，在进行维护时不需要去除涂层，清除表面的灰尘和污垢即可。如涂层破坏，可使用刷子清洁粗糙外表面，去除粘在木材表面的灰尘和污垢，并破坏之前涂饰的漆膜，以利于新的涂层更好地黏附在木材表面。使用钢丝刷掉旧的半透明木材涂饰层时，应沿木材径向方向移动。如果旧的涂饰表面完全破坏或者其上有多层油漆，则必须完全除去油漆或涂料层，去除方法根据使用的油漆类型及表面的大小和形状而变化，其中机械刮擦是比较典型和有效地去除油漆涂层的方法。在重新粉刷之前，发霉的高温热处理材表面应先用次氯酸盐溶液进行清洗，然后用干净的水彻底清洗表面，干燥之后再涂饰新的涂层（International ThermalWood Association，2003）。

6.3.2　生物败坏因子及其防治措施

6.3.2.1　白蚁侵蚀

高温热处理后，热处理材的抗白蚁性能降低。采用处理温度180℃、190℃、200℃、210℃、220℃，处理时间1h、2h、3h、4h、5h对尾叶桉（*Eucalyptus urophylla*）、尾巨桉（*Eucalyptus urophylla* × *Eucalyptus grandis*）、巨桉（*Eucalyptus grandis*）3种木材进行高温热处理，再采用《木材防腐剂对白蚁毒效实验室试验方法》（GB/T 18260—2015）对这3种热处理材进行抗家白蚁（*Coptotermes formosanus*）性能检测，结果如图6-42所示。数据表明，木材经高温热处理后，其抗白蚁性能等级均在4级及以下（试样被蛀后完好等级划分标准见表6-1），属不抗白蚁侵蚀等级。采用热处理温度为160℃、180℃、200℃、220℃，热处理时间为2h或4h对柞木（*Quercus mongolica*）和人工林杉木（*Cunninghamia lanceolata*）木材进行不同蒸汽热处理方式热处理后，不同热处理温度与不同热处理方式对白蚁蛀蚀热处理材的危害程度没有显著差异，热处理材被蛀蚀程度等级均为4级，属于严重蛀蚀。与未处理材相比，热处理材更易遭受白蚁的侵蚀。

图6-42　白蚁侵蚀后的桉树热处理材（彩图请扫封底二维码）

表6-1　试样被蛀后完好等级划分标准

试样完好等级	试样蚁蛀状态和程度
10	完好
9.5	微痕蛀蚀，仅有 1～2 个蚁路或蛀痕
9	轻微蛀蚀，截面面积有＜3% 明显蛀蚀
8	中等蛀蚀，截面面积有 3%～10% 蛀蚀
7	中等蛀蚀，截面面积有 10%～30% 蛀蚀
6	轻微蛀蚀，截面面积有 30%～50% 蛀蚀
4	非常严重蛀蚀，截面面积有 50%～70% 蛀蚀
0	试样几乎完全被蛀毁

注：此表来源于《木材防腐剂对白蚁毒效实验室试验方法》（GB/T 18260—2015）

Smith等（2003）采用热处理方法对欧洲赤松（*Pinus sylvestris*）和欧洲云杉（*Picea abies*）进行改性后发现，热处理并不能提高木材的抗白蚁性能；对热处理材进一步进行浸油处理后，防白蚁性能显著提高。对热处理材进行防白蚁测试，结果表明，仅热处理不防白蚁，热处理材进一步浸油处理，防白蚁性能显著提高。Surini等（2012）真空热处理海岸松（*Pinus pinaster*）也发现，热处理并不能增强木材的防白蚁性能。Candelier等（2017）采用170℃、200℃、215℃和228℃对白蜡木进行蒸汽热处理后发现，热处理材与未处理材一样，均不具有抗白蚁性能。

热处理材更易遭受白蚁的侵蚀。为此，在白蚁活动区域（马星霞等，2011，2015）使用高温热处理材时，应预先做好防白蚁措施。

白蚁的类别很多，但对木材危害严重的主要有两大类：台湾乳白蚁和散白蚁（*Reticulitermes* spp.），其中台湾乳白蚁对木材的危害尤其严重。因此，我国木材白蚁危害区域划分是以白蚁有无分布及散白蚁和台湾乳白蚁的分布界限来确定的。

我国根据木材白蚁危害等级分为3个区域：低危害区域、中危害区域、高危害区域。既无散白蚁也无台湾乳白蚁分布的区域为木材白蚁低危害区域；仅有散白蚁分布的区域为木材白蚁中危害区域；有台湾乳白蚁分布的区域为木材白蚁高危害区域。

木材白蚁低危害区域包括新疆、内蒙古、黑龙江、青海、甘肃、宁夏、西藏大部、四川北部、陕西西北部、山西西北部、河北北部、吉林、辽宁西北部；木材白蚁中危害区域包括四川东部小部分地区、陕西东南部、湖北西北部、山西东南部、河北南部、北京、天津、河南、山东、安徽北部、江苏北部、吉林和辽宁东南部；木材白蚁高危害区域包括西藏南部小部分地区、四川南部、重庆、湖北大部分地区、安徽南部、江苏东南部、云南、贵州、广西、湖南、广州、江西、浙江、上海、福建、海南、香港、澳门、台湾。

6.3.2.2　霉菌侵害

高温热处理过程中，木材的化学组分发生了热降解反应，在一定程度上改变了热处理材的耐霉菌性能，但不同树种之间的差异性较大，热处理结果也往往不同。在温度185℃、205℃和时间1.5h的条件下对欧洲赤松（*Pinus sylvestris*）、柞木（*Quercus mongolica*）进行高温热处理，结果表明，压力蒸汽处理可以比常压过热蒸汽处理显著改善木材的耐腐性能，有效减少蓝变菌对木材的侵害，但不能防止或减轻木材表面的霉变（顾炼百等，2010；李晓文等，2012）。在温度200℃条件下对辐射松（*Pinus radiata*）、欧洲赤松、水曲柳（*Fraxinus mandshurica*）、桦木（*Betula* spp.）进行高温热处理后发现，热处理材比未处理材更易霉变（朱昆等，2010）。因此，在霉菌活跃地区应用高温热处理材时，应使用环保型防霉菌药剂将高温热处理材的防霉菌性能处理至应用环境要求的等级。

6.3.2.3 防治措施

保护木材最普遍的方法就是使用木材防腐剂。凡是能毒杀或抑制危害木材的生物（白蚁、霉菌、蠹虫、海生钻木动物等），延长木材使用年限的化学物质，统称为木材防腐剂。防治措施主要有：

1）使用环保，无毒或低毒，对人畜的毒害在公定限制范围之内的环保型防腐剂对热处理材进行防腐处理；

2）定期对热处理材制品进行保养和维护。使用环境应尽量保持干燥、通风；

3）使用油漆、涂料、木蜡油等对热处理材表面进行涂刷；

4）不宜将热处理材直接接触土壤使用；

5）用于特殊场合时，还应对热处理材进行阻燃处理。

6.4 热处理材储存注意事项

1）高温热处理材应贴有标志，注明树种、规格尺寸、含水率、处理等级、处理温度和时长、生产日期等信息。

2）高温热处理材须在干燥、通风、阴凉环境下储存，防止触地。避免暴露在雨雪环境下，水平放置且避免接触地面。在码垛时，应保持材堆平整；在堆垛上可增加重块，以防止热处理材变形。

3）远离火源及易燃、易爆物品，配置消防设备，建立安全管理和值班巡逻制度。

4）在白蚁活动地区，应预先对高温热处理材进行防白蚁处理，并定期观测、维护。

5）在霉菌活跃地区，应预先对高温热处理材进行防霉菌处理，并定期观测、维护。

主要参考文献

成俊卿. 1985. 木材学. 北京: 中国林业出版社.

顾炼百, 丁涛, 吕斌, 等. 2010. 压力蒸气热处理材生物耐久性的研究. 林产工业, 37(5): 6-9.

李晓文, 李民, 秦韶山, 等. 2012. 高温热改性橡胶木的生物耐久性. 林业科学, 48(4): 108-112.

马星霞, 蒋明亮, 王洁瑛. 2015. 气候变暖对中国木材腐朽及白蚁危害区域边界的影响. 林业科学, 51(11): 83-90.

马星霞, 王洁瑛, 蒋明亮, 等. 2011. 中国陆地木材生物危害等级的区域划分. 林业科学, 47(12): 129-135.

朱昆, 程康华, 李惠明, 等. 2010. 热处理改性木材的性能分析Ⅲ——热处理材的防霉性能. 木材工业, 24(1): 42-44.

Candelier K, Hannouz S, Thevenon M, et al. 2017. Resistance of thermally modified ash (*Fraxinus excelsior* L.) wood under steam pressure against rot fungi, soil-inhabiting micro-or ganisms and termites. European Journal of Wood and Wood Products, 75(2): 249-262.

International ThermoWood Association. 2003. ThermoWood handbook. www.thermowood.fi [2020-01-15].

Rowell R, Lange S, McSweeny J, et al. 2002. Modification of wood fibre using steam. The 6th Pacific Rim Bio-Based Composites Symposium, Portland, Oregon, USA, 10-13, November. Oregon State University, Wood Science and Engineering Department, Oregon State University, 2: 604-615.

Smith W R, Rapp A O, Welzbacher C, et al. 2003. Formosan subterranean termite resistance to heat treatment of Scots pine and Norway spruce. The international research group on wood preservation, Section 4 Processes and properties. IRG Document No. IRG/WP 03-40264.

Surini T, Charrier F, Malvestio J, et al. 2012. Physical properties and termite durability of maritime pine *Pinus pinaster* Ait., heat-treated under vacuum pressure. Wood Science and Technology, 46(1-3): 487-501.